"十二五"高职高专计算机规划教材·基础与实训系列

中文 Photoshop CS5 图像处理操作教程

丁雪芳　屈　洁　编

西北工业大学出版社

【内容简介】本书为"十二五"高职高专计算机规划教材·基础与实训系列教材之一。全书共分 12 章，主要内容包括 Photoshop CS5 操作基础，图像范围的选取及编辑，绘制图像，修饰图像，文字处理，图像色彩调整与颜色转换，图层的应用及操作，通道与蒙版的应用及操作，路径、形状与动作的应用，滤镜特效的应用，综合应用实例以及上机实训。各章后均附有本章小结及实训练习，读者可在学习时更加得心应手，做到学以致用。

本书可作为高职高专院校及计算机培训班的 Photoshop 图像处理基础课程教材，同时也可作为计算机爱好者的自学参考书。

图书在版编目（CIP）数据

中文 Photoshop CS5 图像处理操作教程/丁雪芳，屈洁编. —西安：西北工业大学出版社，2012.8

"十二五"高职高专计算机规划教材·基础与实训系列

ISBN 978-7-5612-3401-3

Ⅰ．①中…　　Ⅱ．①丁…　②屈…　　Ⅲ．①图像处理软件—高等职业教育—教材　Ⅳ．①TP391.41

中国版本图书馆 CIP 数据核字（2012）第 179020 号

出版发行：西北工业大学出版社

通信地址：西安市友谊西路 127 号　　　邮编：710072

电　　话：（029）88493844　88491757

网　　址：www.nwpup.com

电子邮箱：computer@nwpup.com

印 刷 者：陕西兴平报社印刷厂

开　　本：787 mm×1 092 mm　　1/16

印　　张：16

字　　数：423 千字

版　　次：2012 年 8 月第 1 版　　　2012 年 8 月第 1 次印刷

定　　价：32.00 元

出版者的话

　　高等职业教育是我国高等教育的重要组成部分，担负着为国家培养并输送生产、建设、管理、服务第一线高素质、技术应用型人才的重任。因此，我国近年来十分重视高等职业教育。

　　高等职业教育要做到面向地区经济建设和社会发展，适应就业市场的实际需要，真正办出特色，就必须按照自身规律组织教学体系。为了满足高等职业教育的实际需求，我们组织高等职业院校有丰富教学经验的教师，编写了"'十二五'高职高专计算机规划教材·基础与实训系列"教材。

　　本系列教材充分考虑了高等职业教育的培养目标、教学现状和发展方向，在编写中突出实用性，重点讲述在信息技术行业实践中不可缺少的基础知识，并结合实训加以介绍，大量具体操作步骤、众多实践应用技巧与切实可行的实训材料真正体现了高等职业教育自身的特点。

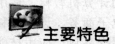
主要特色

⊕ 中文版本、易教易学

　　本系列教材选取市场上最普遍、最易掌握的应用软件的中文版本，突出"易教学、易操作"，结构合理、内容丰富、讲解清晰。

⊕ 内容全面、结构合理

　　本系列教材合理安排基础与实训的比例。基础知识以"必需，够用"为度，以培养学生的职业技能为主线来设计体例结构、内容和形式，符合高等职业学生的学习特点和认知规律；对实训操作过程的论述清晰简洁、通俗易懂、便于理解，通过相关软件的实际运用引导学生学以致用。

⊕ 图文并茂、实例典型

　　本系列教材图文并茂，便于读者学习和掌握所学内容，以行业应用实例带动知识点，诠释实际项目的设计理念，实例典型，切合实际应用。

⊕ 体现教与学的互动性

　　本系列教材从"教"与"学"的角度出发，重点体现教师和学生的互动交流。将精练的理论和实用的行业范例相结合，学生在课堂上就能掌握行业技术应用，做到理论和实践并重。

⊕ **突出职业应用，快速培养人才**

本系列教材以培养计算机技能型人才为出发点，采用"基础知识+应用实例+综合应用实例+上机实训"的编写模式，内容生动，由浅入深，将知识点与实例紧密结合，便于读者学习掌握。

⊕ **具备前瞻性，与职业资格培训紧密结合**

本系列教材的教学内容紧随技术和经济的发展而更新，及时将新知识、新技术、新工艺和新实训引入教材，同时注重吸收最新的教学理念，根据行业需求，使教材与相关的职业资格培训紧密结合。

⊕ **读者定位明确，与就业市场紧密结合**

针对明确的读者定位，本系列教材涵盖了计算机基础知识及目前常用软件的操作方法和操作技巧，读者在学习后能够切实掌握实用的技能，做到放下书本就能上岗，真正具备就业本领。

读者对象

本系列教材是高等职业院校、高等技术院校、高等专科院校的计算机教材，适用于信息技术的相关专业，如计算机应用、计算机网络、信息管理、电子商务、计算机科学技术、会计电算化等，也可供优秀职高学校选作教材。对于那些要提高自己应用技能或参加一些证书考试的读者，本系列教材也不失为一套较好的参考书。

结束语

希望广大师生在使用教材的过程中提出宝贵意见，以便我们在今后的工作中不断地改进和完善，使本系列教材成为高等职业教育的精品教材。

前　言

　　Photoshop CS5 是当前最流行的专业图像处理软件之一，也是在全世界拥有用户最多的图形图像处理软件。Photoshop CS5 以其功能强大、直观易学、使用方便等诸多优点，被众多的设计人员和业余爱好者所接受，在平面设计、装饰装潢、彩色出版以及多媒体制作等诸多领域，起到了举足轻重的作用。

　　本书以"基础知识+应用实例+综合应用实例+上机实训"为主线，从零开始、由浅入深、循序渐进地对 Photoshop CS5 软件进行讲解。通过学习，读者能快速直观地了解和掌握 Photoshop CS5 的使用方法、操作技巧和行业实际应用，为步入职业生涯打下良好的基础。

本书内容

　　全书共分 12 章。其中，第 1 章主要介绍 Photoshop CS5 中图像处理的基础知识及文档与图像窗口的基本操作方法；第 2 章主要介绍图像范围的选取与编辑技巧；第 3 章主要介绍图像的绘制方法；第 4 章主要介绍修饰与修复图像的方法；第 5 章主要介绍文字处理的方法；第 6 章主要介绍图像色彩的调整与颜色的转换方法；第 7 章主要介绍图层的使用方法与操作技巧；第 8 章主要介绍通道与蒙版的使用方法与操作技巧；第 9 章主要介绍路径、形状与动作的应用技巧；第 10 章主要介绍滤镜的使用方法；第 11 章列举了几个有代表性的综合实例；第 12 章是上机实训，结合新学内容，介绍实际操作训练，以帮助读者举一反三、学以致用，进一步掌握所学的知识。

读者定位

　　本书结构合理，内容系统全面，讲解由浅入深，实例丰富实用，可作为高职高专院校及计算机培训班的 Photoshop 图像处理基础课程教材，同时也可作为计算机爱好者的自学参考书。

　　本书力求严谨细致，但由于水平有限，书中难免出现疏漏与不妥之处，敬请广大读者批评指正。

编　者

目 录

第 1 章 Photoshop CS5 操作基础

Adobe 公司推出的 Photoshop CS5 是目前使用最广泛、功能最强大的图形图像处理软件，利用该软件用户可以非常方便地绘制、编辑、修复图像，以及创建丰富的图像特效。

知识要点

- ⊛ 启动与退出 Photoshop CS5
- ⊛ Photoshop CS5 的文件操作
- ⊛ 图像窗口的基本操作
- ⊛ 辅助工具的使用
- ⊛ 图像处理的基础知识
- ⊛ Photoshop CS5 的新增功能

1.1 启动与退出 Photoshop CS5

Photoshop CS5 的安装过程比较简单，只要将光盘中的 Photoshop CS5 程序安装到计算机上即可使用，在安装的过程中用户只要按照系统的提示进行操作即可。启动 Photoshop CS5 主要有以下几种方法：

（1）用鼠标双击桌面上的 Photoshop CS5 快捷方式图标（见图 1.1.1），即可启动 Photoshop CS5 应用程序并进入其工作界面。

（2）选择 [开始] → [所有程序(P)] → [Ps Adobe Photoshop CS5] 命令，即可启动 Photoshop CS5，如图 1.1.2 所示。

图 1.1.1 Photoshop CS5 快捷方式图标　　　　图 1.1.2 启动 Photoshop CS5

（3）用鼠标双击已经存盘的任意一个 PSD 格式的 Photoshop 文件，可进入 Photoshop CS5 工作界面并打开该文件。

退出 Photoshop CS5 主要有以下几种方法：

（1）单击 Photoshop CS5 工作界面右上角的"关闭"按钮 <u>✕</u> 。

（2）进入工作界面后，选择菜单栏中的 <u>文件(F)</u> → <u>退出(X)</u> 命令即可。

（3）按"Alt+F4"键或"Ctrl+Q"键，即可退出 Photoshop CS5。

1.2　Photoshop CS5 的文件操作

在使用 Photoshop CS5 时，经常要对图像文件进行一些基本的操作。本节将介绍 Photoshop CS5 的各种入门操作。

1.2.1　Photoshop CS5 工作界面

进入 Photoshop CS5 以后，可以看到其工作界面和 Photoshop 以前的版本大同小异，如图 1.2.1 所示。Photoshop CS5 的工作界面包括标题栏、菜单栏、属性栏、工具箱、状态栏、图像窗口以及各类面板。

图 1.2.1　Photoshop CS5 的工作界面

1．标题栏

标题栏位于窗口的最顶部，是所有 Windows 程序共有的，用于显示应用程序的图标、快速启动 Bridge 或 Mini Bridge 窗口、显示额外的内容、切换视图显示、选择工作区以及最大化和关闭窗口等。用鼠标单击应用程序图标 <u>Ps</u> ，即可弹出 Photoshop CS5 的窗口控制菜单（见图 1.2.2）；单击标题栏中的 <u>»</u> 按钮，可弹出"显示更多工作区和选项"下拉菜单（见图 1.2.3）；单击标题栏右侧的 3 个按钮，分别为"最小化"按钮 <u>—</u> 、"最大化"按钮 <u>□</u>（"还原"按钮 <u>❐</u>）和"关闭"按钮 <u>✕</u> ，用户可以对窗口进行相应的操作。

2．菜单栏

菜单栏中有 11 个菜单，每个菜单都包含着一组操作命令，用于执行 Photoshop 的图像处理操作。如果菜单中的命令显示为黑色，表示此命令目前可用；如果菜单中的命令显示为灰色，则表示此命令目前不可用。

菜单栏中包括 Photoshop CS5 的大部分操作命令，Photoshop CS5 的大部分功能可以在菜单中得以实现。一般情况下，一个菜单中的命令是固定不变的，但是有些菜单可以根据当前环境的变化适当添加或减少某些命令。

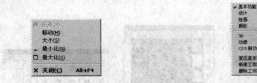

图 1.2.2　窗口控制菜单　　　　图 1.2.3　"显示更多工作区和选项"下拉菜单

3．属性栏

在属性栏中，用户可以根据需要设置工具箱中各种工具的属性，使工具在使用中变得更加灵活，有助于提高工作效率。在选择不同的工具或进行不同的操作时，其属性栏中的内容将会发生变化，如图 1.2.4 所示为"移动工具"属性栏。

图 1.2.4　"移动工具"属性栏

4．工具箱

在默认情况下，工具箱位于 Photoshop CS5 窗口的左侧，其中包括常用的各种工具按钮，使用这些工具按钮可以进行选择、绘画、编辑、移动等各种操作。

如果要对工具箱进行显示、隐藏、移动等操作，其具体的操作方法如下：

（1）选择菜单栏中的 窗口(W) → 工具 命令，可显示或隐藏工具箱，显示状态下，此命令前有一个"√"符号。

（2）将鼠标移至工具箱的标题栏上，按住鼠标左键拖动可在窗口中移动工具箱。

如果要使用一般的工具按钮，可按以下任意一种方法来操作：

（1）单击所需的按钮，例如，单击工具箱中的"套索工具"按钮 ，即可在当前图层中的图像上创建选区。

（2）在键盘上按工具按钮对应的快捷键，可以对图像进行相应的操作。例如，按"L"键即可切换为套索工具。

在工具箱中有许多工具按钮的右下角都有一个小三角形，这个小三角表示这是一个按钮组，其中包含多个相似的工具按钮。如果用户要使用按钮组中的其他按钮，则可按以下几种操作方法来完成。

（1）将鼠标光标移至按钮上，按住鼠标左键不放即可出现工具列表，在列表中选择需要的工具。

（2）用鼠标右键单击按钮，系统会弹出工具列表，可在列表中选择需要的工具。例如，用鼠标右键单击工具箱中的"3D 对象旋转工具"按钮 ，可显示该工具列表，在列表中单击 3D 对象平移工具 选项即可使用该工具，而在工具箱中原来显示的 按钮会自动切换为 按钮，如图 1.2.5 所示。

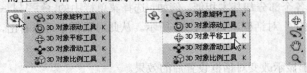

图 1.2.5　选择工具箱中的工具

（3）按住"Shift"键不放，然后按按钮对应的快捷键，可在工具列表中的各个工具间切换。

5. 面板

面板是 Photoshop CS5 的一大特色，通过各种面板可以完成各种图像处理操作和工具参数设置，例如，可以进行显示信息、编辑图层、选择颜色与样式等操作。默认情况下，面板以组的方式显示，如图 1.2.6 所示。

图 1.2.6　Photoshop CS5 的面板

各个面板的基本功能介绍如下：

图层 面板：用于控制图层的操作，可以进行混合图像、新建图层、合并图层以及应用图层样式等操作。

通道 面板：用于记录图像的颜色数据和保存蒙版内容。在通道中可以进行各种通道操作，如切换显示通道内容、载入选区、保存和编辑蒙版等。

路径 面板：用于建立矢量式的图像路径，并可转换路径为选区，也可对其进行描边等操作。

导航器 面板：用于显示图像的缩览图，可用来缩放显示比例，迅速移动图像显示内容。

直方图 面板：使用直方图可以查看整个图像或图像某个区域中的色调分布状况，主要用于统计色调分布的状况。

信息 面板：用于显示当前鼠标光标所在区域的颜色、位置、大小以及不透明度等信息。

颜色 面板：用于选择或设置颜色，以便使用工具进行绘图和填充等操作。

色板 面板：功能类似于 颜色 面板，用于选择颜色。

样式 面板：此面板中预设了一些图层样式效果，可随时将其应用于图像或文字中。

历史记录 面板：在此面板中自动记录了以前操作的过程，用于恢复图像或指定恢复某一步操作。

动作 面板：用于录制一连串的编辑操作，以实现操作自动化。

默认设置下，Photoshop 中的面板按类分为 3～6 组。如果要同时使用同一组中的两个不同面板，需要来回切换，此时可将这两个面板分离，同时在屏幕上显示出来。其分离的方法很简单，只需在面板标签上按住鼠标左键并拖动，拖出面板后释放鼠标，就可以将两个面板分开。

6. 对话框

Photoshop CS5 中的许多功能都需要通过对话框来操作，如色调和颜色调整与滤镜等许多操作都是在对话框中进行的。不同的命令打开的对话框是不一样的，因此，不同的对话框就会有不同的功能设置。只有将对话框的选项进行重新设置后，该命令功能才能起作用。虽然各个对话框功能设置不一样，但是组成对话框的各个部分却基本相似。例如，选择菜单栏中的 滤镜(T) → 锐化 → 智能锐化... 命令，可弹出"智能锐化"对话框，如图 1.2.7 所示。从此对话框中可以看出，对话框一般由图中所示的几部分组成。

（1）预览框：用于显示改变对话框设置后的效果。

（2）命令按钮：几乎在所有的对话框中都可以看到 确定 与 取消 这两个按钮。这两个按钮在对话框中起着决定性的作用，单击 确定 按钮，表示确认对话框中的更改并关闭对话框，而单击 取消 按钮，则表示关闭对话框而不保存更改设置。

图 1.2.7　"智能锐化"对话框

（3）单选按钮：在同一个选项区中只能选择其中一个，不能多选也不能一个不选，当单选按钮中出现小圆点时表示选中。

（4）复选框：在同一选项区中可以同时选中多个，也可以一个不选。当复选框中出现"√"号时，表示复选框被选中；反之表示没选中，就不会起作用。

（5）输入框：用于输入文字或一个指定范围的数值。

（6）下拉列表框：单击下拉列表框可弹出一个下拉列表，从中可以选择需要的选项设置。

（7）滑杆：用于调整参数的设置值，滑杆经常会带有一个输入框，配合滑杆使用。当使用鼠标拖动滑杆上的小三角滑块时，其对应的输入框中会显示出数值，也可以直接在输入框中输入数值进行精确的设置。

7．图像窗口

图像窗口是图像文件的显示区域，也是编辑与处理图像的区域。用户还可对图像窗口进行各种操作，如改变图像窗口的大小、缩放窗口或移动窗口位置等。

图像窗口包括标题栏、最大/最小化按钮、滚动条、文档大小以及图像显示比例等几个部分，并且在 Photoshop CS5 图像窗口的下方显示着图像的显示比例、文档大小与滚动条。

8．状态栏

Photoshop CS5 中的状态栏位于打开图像文件窗口的最底部，由 3 部分组成，如图 1.2.8 所示。最左边显示当前打开图像的显示比例，它与图像窗口标题栏的显示比例一致；中间部分显示当前图像文件的信息；最右边显示当前操作状态及操作工具的一些帮助信息。

图 1.2.8　状态栏

1.2.2　新建图像文件

新建图像文件就是创建一个新的空白的工作区域。具体的操作方法如下：

（1）选择菜单栏中的 文件(F) → 新建(N)… 命令或按"Ctrl+N"键，都可弹出"新建"对话框，如图 1.2.9 所示。

（2）在"新建"对话框中可对以下各项参数进行设置。

1）名称(<u>N</u>)：用于输入新文件的名称。Photoshop CS5 默认的新建文件名为"未标题-1"，如连续新建多个，则文件按顺序默认为"未标题-2""未标题-3"，依此类推。

2）宽度(<u>W</u>)：与 高度(<u>H</u>)：用于设置图像的宽度与高度，在其输入框中输入具体数值。但在设置前需要确定文件尺寸的单位，在其后面的下拉列表中选择需要的单位，有像素、英寸、厘米、毫米、点、派卡与列。

3）分辨率(<u>R</u>)：用于设置图像的分辨率，并可在其后面的下拉列表中选择分辨率的单位，分别是像素/英寸与像素/厘米，通常使用的单位为像素/英寸。

4）颜色模式(<u>M</u>)：用于设置图像的颜色模式，并可在其右侧的下拉列表中选择颜色模式的位数，有 1 位、8 位与 16 位。

5）背景内容(<u>C</u>)：该下拉列表框用于设置新图像的背景层颜色。其中有 3 种方式可供选择，即 白色、背景色 与 透明。如果选择 背景色 选项，则背景层的颜色与工具箱中的背景色颜色框中的颜色相同。

6）预设(<u>P</u>)：在此下拉列表中可以对选择的图像尺寸、分辨率等进行设置。

（3）设置好参数后，单击 确定 按钮，就可以新建一个空白图像文件，如图 1.2.10 所示。

图 1.2.9 "新建"对话框 　　　　　　　　　图 1.2.10 新建图像文件

1.2.3 打开图像文件

当需要对已有的图像进行编辑与修改时，必须先打开它。在 Photoshop CS5 中打开图像文件的具体操作方法如下：

（1）选择菜单栏中的 文件(<u>F</u>) → 打开(<u>O</u>)... 命令或按"Ctrl+O"键，都可弹出"打开"对话框，如图 1.2.11 所示。

（2）在 查找范围(<u>I</u>)：下拉列表中选择图像文件存放的位置，即所在的文件夹。

（3）在 文件类型(<u>T</u>)：下拉列表中选择要打开的图像文件格式，如果选择 所有格式 选项，则全部文件的格式都会显示在对话框中。

（4）在文件夹列表中选择要打开的图像文件后，在"打开"对话框的底部可以预览图像缩略图和文件的字节数，然后单击 打开(<u>O</u>) 按钮，即可打开图像。

在 Photoshop CS5 中也可以一次打开多个同一目录下的文件。其选择的方法主要有两种：

（1）单击需要打开的第一个文件，然后按住"Shift"键单击最后一个文件，可以同时选中这两个文件之间多个连续的文件。

（2）按住"Ctrl"键，依次单击要选择的文件，可选择多个不连续的文件。

在 Photoshop CS5 中还有其他较特殊的打开文件的方法。

（1）选择菜单栏中的 文件(F) → 最近打开文件(T) 命令，可在弹出的子菜单中选择最近打开过的图像文件。Photoshop CS5 会自动将最近打开过的若干文件名保存在 最近打开文件(T) 子菜单中，默认最多包含 10 个最近打开过的文件名。

（2）选择菜单栏中的 文件(F) → 打开为... 命令，或按"Alt+Shift+Ctrl+O"键，可打开特定类型的文件。例如，要打开 PSD 格式的图像，则必须选择此格式的图像，如果选择其他格式，则打开 PSD 文件的同时会弹出如图 1.2.12 所示的错误提示框。

图 1.2.11　"打开"对话框　　　　　　图 1.2.12　提示框

（3）选择菜单栏中的 文件(F) → 在 Bridge 中浏览(B)... 命令或按"Ctrl+Shift+O"键，打开如图 1.2.13 所示的文件浏览器窗口，可直接在图像的缩略图上双击鼠标左键，即可打开图像文件，也可用鼠标直接将图像的缩略图拖曳到 Photoshop CS5 的工作界面中即可打开图像文件。

图 1.2.13　在 Bridge 中预览图像文件

技巧：用鼠标左键在需要打开的图像文件上双击，也可将图像文件打开。

1.2.4　保存图像文件

图像文件操作完成后，都要将其保存起来，以免发生各种意外情况导致操作被迫中断。保存文件的方法有多种，包括存储、存储为以及存储为 Web 所用格式等，这几种存储文件的方式各不相同。

要保存新的图像文件，可选择菜单栏中的 文件(F) → 存储(S) 命令，或按"Ctrl+S"键，将弹出"存储为"对话框，如图 1.2.14 所示。

在 保存在(I): 下拉列表中可选择保存图像文件的路径，可以将文件保存在硬盘、U 盘或网络驱动器上。

在 文件名(N): 下拉列表框中可输入需要保存的文件名称。

在 格式(F): 下拉列表中可以选择图像文件保存的格式。Photoshop CS5 默认的保存格式为 PSD 或 PDD，此格式可以保留图层，若以其他格式保存，则在保存时 Photoshop CS5 会自动合并图层。

设置好各项参数后，单击 保存(S) 按钮，即可按照所设置的路径及格式保存新的图像文件。

图像保存后又继续对图像文件进行各种编辑，选择菜单栏中的 文件(F) → 存储(S) 命令，或按 "Ctrl+S" 键，将直接保留最终确认的结果，并覆盖原始图像文件。

图像保存后，在继续对图像文件进行各种修改与编辑后，若想重新存储为一个新的文件并想保留原图像，可选择菜单栏中的 文件(F) → 存储为(A)... 命令，或按 "Shift+Ctrl+S" 键，弹出 "另存为" 对话框，在其中设置各项参数，然后单击 保存(S) 按钮，即可完成图像文件的 "另存为" 操作。

若要将图像保存为适合于网页的格式，可选择 文件(F) → 存储为 Web 和设备所用格式(D)... 命令，或按 "Ctrl+Alt+Shift+S" 键，弹出 "存储为 Web 和设备所用格式" 对话框，如图 1.2.15 所示。在该对话框中可通过对各选项的设置，优化网页图像，将图像保存为适合于网页的格式。

图 1.2.14　"存储为" 对话框　　　　图 1.2.15　"存储为 Web 和设备所用格式" 对话框

1.2.5　置入图像

Photoshop CS5 是一种位图图像处理软件，但它也具备处理矢量图的功能，因此，可以将矢量图（如后缀为 EPS，AI 或 PDF 的文件）插入到 Photoshop 中使用。

新建或打开一个需要向其中插入图形的图像文件，然后选择菜单栏中的 文件(F) → 置入(L)... 命令，弹出 "置入" 对话框，如图 1.2.16 所示。

从该对话框中选择要插入的文件（如文件格式为 PDF 的图形文件），单击 置入(P) 按钮，可将所选的图形文件置入到新建的图像中，如图 1.2.17 所示。

图 1.2.16　"置入" 对话框　　　　图 1.2.17　置入 PDF 文件

此时的 PDF 图形被一个控制框包围，可以通过拖拉控制框调整图像的位置、大小和方向。设置完成后，按回车键确认插入 PDF 图像，如图 1.2.18 所示，如果按"Esc"键则会放弃插入图像的操作。

图 1.2.18　置入图形后的效果

1.2.6　关闭图像文件

保存图像后就可以将其关闭，完成操作。关闭图像的方法有以下几种：

（1）选择菜单栏中的 文件(F) → 关闭(C) 命令。

（2）在图像窗口右上角单击"关闭"按钮 ✕ 。

（3）双击图像窗口标题栏左侧的控制窗口图标 Ps 。

（4）按"Ctrl+W"键或按"Ctrl+F4"键。

📢 **提示**：如果打开了多个图像窗口，并想将它们全部关闭，可选择菜单栏中的 文件(F) → 关闭全部 命令或按"Alt+Ctrl+W"键。

1.3　图像窗口的基本操作

在 Photoshop CS5 中处理图像时，为了更清晰地观看图像或处理图像，用户可能经常需要更改图像和画布的尺寸，也需要对图像进行一些缩放与移动以及改变图像窗口的显示模式。为此，下面对其进行具体介绍。

1.3.1　调整图像大小

利用"图像大小"命令，可以调整图像的大小、打印尺寸以及图像的分辨率。下面具体介绍调整图像大小的方法。

（1）打开一幅需要改变大小的图像。

（2）选择菜单栏中的 图像(I) → 图像大小(I)... 命令，弹出"图像大小"对话框，其对话框中的参数如图 1.3.1 所示。

（3）在 像素大小: 选项区中的 宽度(W): 与 高度(H): 输入框中可设置图像的宽度与高度。改变像素大小后，会直接影响图像的品质、屏幕图像的大小以及打印效果。

（4）在 文档大小: 选项区中可设置图像的打印尺寸与分辨率。默认状态下，宽度(D): 与 高度(G): 被锁定，即改变 宽度(D): 与 高度(G): 中的任何一项，另一项都会按相应的比例改变。

（5）选中 ☑约束比例(C) 复选框，在改变图像的宽度和高度时，将自动按比例进行调整，以使图像的宽度和高度比例保持不变。

（6）选中 ☑重定图像像素(I): 复选框，在改变打印分辨率时，将自动改变图像的像素数，而不改变图像的打印尺寸。

（7）可以通过单击 两次立方（适用于平滑渐变） 下拉列表右侧的 ▼ 下拉按钮，在弹出的如图 1.3.2 所示的下拉列表中选择进行内插的方法。

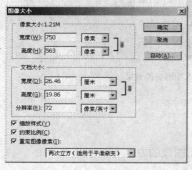

图 1.3.1 "图像大小"对话框   图 1.3.2 选择进行内插的方法

（8）设置好参数后，单击 确定 按钮，即可改变图像的大小。

1.3.2 调整画布大小

更改画布大小的具体操作方法如下：

（1）打开一幅需要改变画布大小的图像文件，如图 1.3.3 所示。

（2）选择菜单栏中的 图像(I) → 画布大小(S)... 命令，弹出"画布大小"对话框，其对话框中的参数如图 1.3.4 所示。

图 1.3.3 打开的图像   图 1.3.4 "画布大小"对话框

（3）在 新建大小: 选项区中的 宽度(W): 与 高度(H): 输入框中输入数值，可以重新设置图像的画布大小。

📢 **提示：** 默认状态下，图像位于画布中心，画布向四周扩展或向中心收缩，画布颜色为背景色。如果希望图像位于其他位置，只须单击 定位: 选项区中相应位置的小方块即可。

（4）设置好参数后，单击 确定 按钮，可以按照所设置的参数改变画布大小，如图 1.3.5 所示。

图 1.3.5 改变画布大小

1.3.3 裁剪图像

在图像的处理中，经常需要对图像局部进行裁剪，以符合图像处理要求。图像的裁剪主要用裁剪工具 来完成。"裁剪工具"属性栏如图 1.3.6 所示。

图 1.3.6 "裁剪工具"属性栏

用户可在 宽度: 和 高度: 文本框中输入数值来确定图像裁剪的宽度和高度的比例，如图 1.3.7 所示。

图 1.3.7 图像的裁剪

用户也可以自定义图像的裁剪范围或对裁剪对象进行旋转、缩放等操作，如图 1.3.8 所示。

图 1.3.8 裁剪对象的旋转与缩放

1.3.4 缩放与移动图像

有时为处理图像的某一个细节，需要将这一区域放大显示，以使处理操作更加方便；而有时为查看图像的整体效果，则需要将图像缩小显示。

1．使用菜单命令

打开 视图(V) 菜单，其中有 5 个用于控制图像显示比例的命令，如图 1.3.9 所示。放大(I) 和 缩小(O) 命令可以放大和缩小显示比例，而 按屏幕大小缩放(F) 、 实际像素(A) 和 打印尺寸(Z) 命令则与缩放工具属性栏中的 3 个按钮相对应。

使用缩放工具在图像窗口中单击鼠标右键，可弹出缩放命令的快捷菜单，如图 1.3.10 所示。

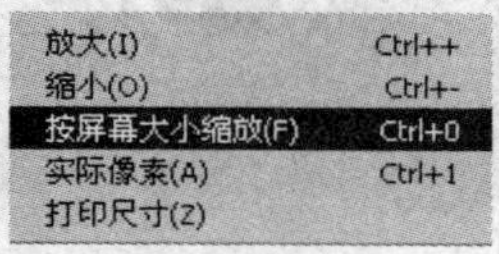

放大(I)	Ctrl++
缩小(O)	Ctrl+-
按屏幕大小缩放(F)	Ctrl+0
实际像素(A)	Ctrl+1
打印尺寸(Z)	

按屏幕大小缩放
实际像素
打印尺寸
放大
缩小

图 1.3.9　视图菜单中的缩放命令 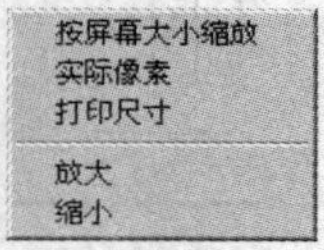　　　　图 1.3.10　缩放命令的快捷菜单

2．使用缩放工具

在工具箱中单击缩放工具按钮，将鼠标移至图像窗口中，鼠标光标显示为 形状，此时在图像中单击鼠标左键，可放大图像的显示比例。将鼠标移至图像窗口中时，按住"Alt"键，此时鼠标光标显示为 形状，在图像中单击，则可缩小图像显示比例。

使用缩放工具还可以指定放大图像中的某一区域。其方法是将缩放工具 移至图像窗口中，当光标显示为 形状时，拖动鼠标选取某一块需要放大显示的区域，松开鼠标即可，如图 1.3.11 所示。

图 1.3.11　放大显示选定的区域

选择缩放工具后，在其属性栏中将显示设置缩放工具的相关属性，如图 1.3.12 所示。

图 1.3.12　"缩放工具"属性栏

调整窗口大小以满屏显示 ：选中此复选框，Photoshop 会在调整显示比例的同时自动调整图像窗口大小，使图像以最合适的窗口大小显示。

缩放所有窗口 ：选中此复选框，Photoshop 会对当前打开的所有窗口中的文档进行缩放。

实际像素 ：单击此按钮，图像将以 100%的比例显示，与双击缩放工具的作用相同。

适合屏幕 ：单击此按钮，可在窗口中以最合适大小和比例显示图像。

填充屏幕 ：单击此按钮，可使图像大小与文档窗口相匹配。

打印尺寸 ：单击此按钮，可使图像以实际打印的尺寸显示。

3．使用导航器面板

使用导航器面板可以方便地控制图像的缩放显示。在此面板左下角的输入框中可输入放大与缩小的比例，然后按回车键。也可以用鼠标拖动面板下方调节杆上的三角滑块，向左拖动则使图像显示缩小，向右拖动则使图像显示放大。导航器面板显示如图 1.3.13 所示。

　　导航器面板窗口中的红色方框表示图像显示的区域，拖动方框可以发现图像显示的窗口也会随之改变，如图 1.3.14 所示。

图 1.3.13　导航器面板　　　　　　　图 1.3.14　拖动方框显示某区域中的图像

1.3.5　图像的显示模式

　　为了方便操作，Photoshop CS5 提供了 3 种不同的屏幕显示模式，分别为标准屏幕模式、带有菜单栏的全屏模式和全屏模式。

　　选择菜单栏中的 视图(V) → 屏幕模式(M) → 标准屏幕模式 命令，可以显示默认窗口，如图 1.3.15 所示。此模式下，可显示 Photoshop 的所有组件，如菜单栏、工具箱、标题栏、状态栏与属性栏等。

图 1.3.15　标准屏幕模式

　　选择菜单栏中的 视图(V) → 屏幕模式(M) → 带有菜单栏的全屏模式 命令，可切换至带有菜单栏的全屏模式，如图 1.3.16 所示。此模式下，不显示标题栏，只显示菜单栏，以使图像充满整个屏幕。

图 1.3.16　带有菜单栏的全屏模式

　　选择菜单栏中的 视图(V) → 屏幕模式(M) → 全屏模式 命令，可切换至全屏模式，如图 1.3.17 所示。此模式下，图像之外的区域以黑色显示，并会隐藏菜单栏与标题栏。在此模式下可以非常全面地查看图像效果。

图 1.3.17 全屏模式

提示：连续按"F"键多次，可以在 3 种屏幕显示模式之间切换，也可以按"Tab"键或"Shift+Tab"键，显示或隐藏工具箱与控制面板。

1.4 辅助工具的使用

在绘图过程中，标尺、参考线和网格是 Photoshop CS5 提供的辅助工具，使用它们能够帮助用户精确地放置图像或图像元素。

1.4.1 标尺

标尺显示在当前窗口的顶部和左侧，标尺上的刻度显示指针的位置。选择菜单栏中的 视图(V) → 标尺(R) 命令，或按"Ctrl+R"键，即可在当前的图像窗口中显示标尺，如图 1.4.1 所示。

默认设置下，标尺的原点位于图像的左上角，其坐标值为（0,0）。标尺的原点也决定网格的原点。如果要更改标尺原点，可将指针放在窗口左上角标尺的交叉处，然后按下鼠标左键沿着对角线向右下方拖动到适当的图像位置上。在拖动时指针会变成"十"字，确定后释放鼠标左键，在图像窗口内就会出现一个新的原点。

如果需要更改图像窗口内的标尺单位，可选择 编辑(E) → 首选项(N) → 单位与标尺(U)... 命令，弹出如图 1.4.2 所示的"首选项"对话框，在 单位 选项组的 标尺(R): 下拉列表中更改其标尺单位。

图 1.4.1 显示标尺

图 1.4.2 "首选项"对话框

1.4.2　参考线

如果要在图像中使用参考线，可选择菜单栏中的 视图(V) → 新建参考线(E)... 命令，弹出"新建参考线"对话框，如图 1.4.3 所示。在对话框中的 取向 选项框中选择参考线的方向，然后在 位置(P): 文本框中输入参考线相对于原点的距离，单击 确定 按钮，图像窗口中将会显示相应的参考线，如图 1.4.4 所示。

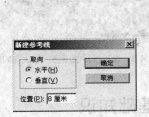

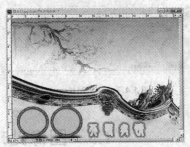

图 1.4.3　"新建参考线"对话框　　　　图 1.4.4　新建参考线

如果要移动舞台中的某条参考线，可单击工具箱中的"移动工具"按钮 ，将鼠标光标移动到相应的参考线上，当光标变为 形状时，拖曳鼠标即可，如图 1.4.5 所示。在移动过程中若按住"Alt"键，可将水平参考线变为垂直参考线或将垂直参考线变为水平参考线，也可将其拖动到图像窗口外直接删除。

如果需要更改图像窗口内参考线的颜色或样式，可选择菜单栏中的 编辑(E) → 首选项(N) → 参考线、网格和切片(S)... 命令，弹出"首选项"对话框，在该对话框中可以进行相应的设置，设置后的效果如图 1.4.6 所示。

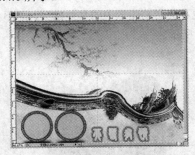

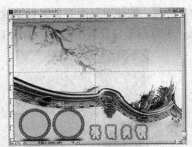

图 1.4.5　移动参考线　　　　图 1.4.6　设置参考线颜色和样式

1.4.3　网格

默认情况下，网格显示为非打印直线，也可以显示为点，可用来对齐参考线，也可在制作图像的过程中对齐物体。要显示网格，选择菜单栏中的 视图(V) → 显示(H) → 网格(G) 命令，此时会在图像窗口中显示网格，如图 1.4.7 所示。

网格在编辑文档时通常起着辅助定位的作用。选择菜单栏中的 视图(V) → 对齐到(T) → 网格(R) 命令，可以使图形自动与网格对齐。

提示：在不需要显示网格时，选择菜单栏中的 视图(V) → 显示额外内容(X) 命令，或按

"Ctrl+H" 键来隐藏网格。

如果需要更改图像窗口内网格的颜色、样式和间隔，可选择菜单栏中的 编辑(E) → 首选项(N) → 参考线、网格和切片(S)... 命令，在弹出的"首选项"对话框中进行相应的设置，效果如图 1.4.8 所示。

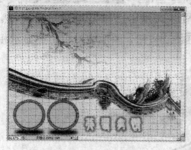
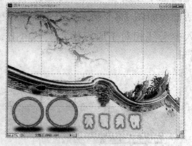

图 1.4.7　显示网格　　　　　　　图 1.4.8　设置网格的颜色、样式和间隔

1.5　图像处理的基础知识

使用 Photoshop 软件处理图像的过程也就是对图形图像文件修饰改造的过程，因此在学习处理图像之前必须先掌握有关图形图像处理的一些相关专业术语。

1.5.1　矢量图形

矢量图形又称为向量图形，它是根据图形轮廓的几何特性来描绘图形的。绘制出图形的轮廓后，图形就具有了形状、颜色等属性，并被放置在特定的位置。每个轮廓被称为对象，而每个对象又是一个独立的个体。因此，即使对某个对象进行缩放，也不会影响图形中的其他部分，即不会出现失真现象，由此可见，矢量图形与分辨率无关，如图 1.5.1 所示。

图 1.5.1　矢量图形局部放大后效果对比

1.5.2　位图图像

位图图像又称为点阵图像或栅格图像，即由成千上万个点组成的图像，这些组成图像的点被称为像素点。每个像素点都有一个固定的位置和特定的色彩值，而每个像素点又是相互关联的。也就是说，如果把一幅位图图像由 100%放大到 300%，图像就会失真，由此可见，位图图像与分辨率有关，如图 1.5.2 所示。

 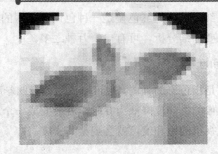

图 1.5.2　位图图像局部放大后效果对比

1.5.3　像素

　　像素是一个带有数据信息的正方形小方块。图像由许多的像素组成，每个像素都具有特定的位置和颜色值，因此可以很精确地记录下图像的色调，逼真地表现出自然的图像。像素是以行和列的方式排列的，如图 1.5.3 所示。将某区域放大后就会看到一个个的小方格，每个小方格里都存放着不同的颜色，也就是像素。

图 1.5.3　像素

　　一幅位图的每一个像素都含有一个明确的位置和色彩数值，从而也就决定了整体图像所显示出来的样子。一幅图像中包含的像素越多，所包含的信息也就越多，因此文件越大，图像的品质也会越好。

1.5.4　分辨率

　　分辨率是指在单位长度内含有的像素多少。其单位是"像素/英寸"，也就是每英寸所包含的像素数，是用来描述图像文件信息的术语。图像分辨率与图像大小之间有着非常密切的关系，分辨率越高，所包含的像素越多，图像的信息量越大，因而文件也就越大。分辨率有很多种，如屏幕分辨率、扫描分辨率、打印分辨率等。

1.5.5　色调、饱和度和亮度

　　从视觉的角度分析，颜色包含 3 个要素，即色调、饱和度和亮度，人眼看到的任意彩色光都是这 3 个特性的综合效果。其中色调与光波的波长有直接关系，亮度和饱和度则与光波的幅度有关。

1．色调

　　色调又称色相，是指色彩的相貌，或是区别色彩的名称或色彩的种类，而色调与色彩明暗无关。

例如苹果是红色的，这红色便是一种色调。色调的种类很多，普通色彩专业人士可辨认出 300～400 种，但如果要仔细分析，可有一千万种之多。

2．饱和度

饱和度是指色彩的强弱，也可以说是色彩的彩度，调整图像的饱和度也就是调整图像的彩度。将一个彩色图像的饱和度降低为 0 时，就会变成一个灰色的图像，增加饱和度就会增加其彩度。例如，调整彩色电视机的饱和度，就会调整其彩度。

3．亮度

亮度是指色彩的明暗程度，亮度的高低，要根据其接近白色或灰色的程度而定。越接近白色，亮度越高；越接近灰色或黑色，其亮度越低，如红色有明亮的红或深暗的红，蓝色有浅蓝或深蓝。在彩色中，黄色亮度最高，紫色亮度最低。

1.5.6　图像的颜色模式

颜色模式是数字世界中表示颜色的一种算法。在数字世界中，为了表示各种颜色，人们通常将颜色划分为若干分量。成色原理的不同，决定了显示器、扫描仪等这类靠色光直接合成颜色的颜色设备与打印机、印刷机等这类靠使用颜料的印刷设备在生成颜色方式上的区别。在计算机中常用的颜色模式有以下 8 种：

（1）RGB 颜色模式。RGB 颜色模式又叫加色模式，是屏幕显示的最佳颜色，由红、绿、蓝 3 种颜色组成，每一种颜色可以有 0～255 的亮度变化。

（2）CMYK 颜色模式。CMYK 颜色模式由品蓝、品红、品黄和黑色组成，又叫减色模式。一般打印输出及印刷都是这种模式，因此打印图片一般都采用 CMYK 颜色模式。

（3）HSB 颜色模式。HSB 颜色模式是将颜色分解为色调、饱和度以及亮度，通过调整色调、饱和度以及亮度得到颜色变化。

（4）Lab 颜色模式。Lab 颜色模式是通过一个光强和两个色调来描述一个色调 a，另一个色调 b。它主要影响着色调的明暗。一般 RGB 转换成 CMYK 都先经 Lab 的转换。

（5）索引颜色模式。在索引颜色模式下，图像像素用一个字节表示它最多包含有 256 色的色表储存并索引其所用的颜色，图像质量不高，占空间较少。

（6）灰度模式。灰度模式只用黑色和白色显示图像，像素 0 值为黑色，像素 255 值为白色。

（7）双色调模式。双色调模式中的颜色是用来表示色调的。它与灰度模式的图像相似，虽然不是全彩色的图像，但是适当地应用会创造出特殊的效果。要将其他模式的图像转换为双色调模式，首先需将其转换为灰度模式，只有灰度模式的图像才可以与双色调模式的图像相互转换。

（8）位图模式。位图模式的图像只有黑色和白色的像素，由于像素不是由字节表示，而是由二进制表示，即黑色和白色由二进制表示，因此在此模式下存储的图像占磁盘空间最小。

1.5.7　常用的图像文件格式

图像文件格式是一种将图像文件以不同方式进行保存的格式。Photoshop 支持几十种文件格式，因此能很好地支持多种应用程序。在 Photoshop 中，常见的格式有以下 6 种：

（1）PSD 和 PDD 格式。PSD 和 PDD 格式是 Photoshop 软件的专用文件格式，能保存图层、通道、路径等信息，其便于以后修改。该格式的缺点是保存文件较大。

（2）BMP 格式。BMP 格式是微软公司绘图软件的专用格式，是 Photoshop 最常用的位图格式之一，支持 RGB、索引、灰度和位图等颜色模式，但不支持 Alpha 通道。

（3）Photoshop EPS 格式（*.EPS）。Photoshop EPS 格式是最广泛地被向量绘图软件和排版软件所接受的格式，可保存路径，并在各软件间进行相互转换。若用户要将图像置入 CorelDRAW，Illustrator，PageMaker 等软件中，可将图像存储成 Photoshop EPS 格式，但它不支持 Alpha 通道。

（4）JPEG 格式（*.JPG）。JPEG 格式是一种压缩效率很高的存储格式，是一种有损压缩方式。支持 CMYK，RGB 和灰度等颜色模式，但不支持 Alpha 通道。JPEG 格式也是目前网络可以支持的图像文件格式之一。

（5）TIFF 格式（*.TIF）。TIFF 格式是 Aldus 在 Mac 初期开发的，目的是使扫描图像标准化。它是跨越 Mac 与 PC 平台最广泛的图像打印格式。TIFF 使用 LZW 无损压缩方式，大大减少了图像尺寸。另外，TIFF 格式最令人激动的功能是可以保存通道，这对于处理图像是非常有好处的。

（6）GIF 格式。GIF 格式是各种图形图像软件都能够处理的一种经过压缩的图像文件格式。正因为它是一种压缩的文件格式，所以在网络上传输时，比其他格式的图像文件快很多。但此格式最多只能支持 256 种色彩，因此不能存储真彩色的图像文件。

1.6　Photoshop CS5 的新增功能

在 Photoshop CS5 中，单击标题栏中的  按钮，在弹出的如图 1.6.1 所示的下拉菜单中选择 CS5 新功能 选项，更换为相应的界面。此时，在菜单栏中单击任意菜单命令，在弹出的快捷菜单中将以蓝色显示 Photoshop CS5 的新增功能，更加方便用户查看新增的功能，如图 1.6.2 所示。

图 1.6.1　选中"CS5 新功能"选项　　　　图 1.6.2　显示 Photoshop CS5 中的新增功能

1．出众的黑白转换

使用集成的 Lab B&W Action 交互转换彩色图像，更轻松、更快地创建绚丽的 HDR 黑白图像，尝试各种新预设。

2．全新的笔刷系统

在 Photoshop CS5 中，笔刷系统将以画笔和颜料的物理特性为依托，新增了多个参数，实现较为强烈的真实感，包括墨水流量、笔刷形状以及混合习惯等。

3．精确地完成复杂选择

使用魔棒工具在要选择的特定区域单击鼠标，即可轻松选择复杂的图像元素，再使用"调整边缘"命令可以消除选区边缘周围的背景色，自动改变选区边缘并改进蒙版，使选择的图像更加精确，甚至精确到细微的毛发部分。

4．智能填充

在 Photoshop CS5 中还新增了内容感知自动填充功能，此功能可以帮助用户在画面上轻松地改变或创建物体，也可以对图像进行修改、填充、移动或删除，应用智能化的感应进行识别填充。

5．自动镜头校正

根据 Adobe 对各种相机与镜头的测量自动校正，可更快速消除桶状和枕状变形、相片周边暗角以及造成边缘出现彩色光晕的色像差。此功能把先前必须手动调整的校正自动化。

6．操控变形

对任何图像元素进行精确的重新定位，创建出视觉上更具吸引力的照片。例如，轻松伸直一个弯曲角度不自然的手臂。精确实现图形、文本或图像元素的变形或拉伸，为设计创建出独一无二的新外观。

7．增强的 3D 功能

在 Photoshop CS5 中，在模型设置灯光、材质、渲染等方面都得到了增强，结合这些功能在 Photoshop 中可以绘制透视精确的三维效果图，也可以辅助三维软件创建模型的材质贴图，这些功能大大拓展了 Photoshop 的应用领域。

8．新增的 HDR 成像

借助前所未有的速度、控制和准确度，创建写实的或超现实的 HDR 图像。借助自动消除叠影以及对色调映射和调整更好的控制，用户可以获得更好的效果，甚至可以令单次曝光的照片获得 HDR 的外观。

9．简化的创作审阅

使用 Adobe CS Review（新的 Adobe CS Live 在线服务的一部分）发起更安全的审阅，并且不必离开 Photoshop 软件。审阅者可以从他们的浏览器中将注释添加到用户的图像，用户的屏幕上会自动显示这些注释。

10．更出色的媒体管理

借助更灵活的分批重命名功能轻松管理媒体，使用 Photoshop Extended 可自定义的 Adobe MiniBridge 面板在工作环境中访问资源。

11．最新的原始图像处理

使用 Adobe Photoshop Camera Raw 6 增效工具可以具有无损消除图像杂色，同时保留颜色和细节；增加粒状，使数字照片看上去更自然；执行裁剪后暗角控制度更高等功能。

12．更出色的跨平台性能

充分利用跨平台的 64 位支持，加快日常成像任务的处理速度，并将大型图像的处理速度提高 10 倍之多。

13．GPU 加速功能

充分利用针对日常工具、支持 GPU 的增强。使用三分法则网格进行裁剪，使用单击擦洗功能缩放，对可视化更出色的颜色以及屏幕拾色器进行采样。

14．更强大的打印选项

借助更容易导航的自动化、脚本和打印对话框，在更短的时间内实现出色的打印效果。

本 章 小 结

本章主要介绍了启动与退出 Photoshop CS5、Photoshop CS5 的文件操作、图像窗口的基本操作、辅助工具的使用、图像处理的基础知识以及 Photoshop CS5 的新增功能。通过本章的学习，可使读者了解 Photoshop CS5 的基础知识与基本操作，为后面学习和应用 Photoshop CS5 软件打下坚实的基础。

实 训 练 习

一、填空题

1．按_____键或_____键，即可退出 Photoshop CS5 应用程序。

2．Photoshop CS5 的工作界面是由_____、_____、_____、_____、_____和_____组成的。

3．按_____键，可以关闭 Photoshop CS5 中打开的多个文件。

4．在 Photoshop CS5 中，图像文件的大小和质量都由_____和_____来决定。

5．Photoshop CS5 默认的保存格式为_____或_____，此格式也可以保存_____。

6．分辨率是指在单位长度内含有的_____多少，其单位是_____。

7．图像类型主要分为两种，即_____图像与_____图形。

8．位图也叫_____，是由_____组成的。

9．_____是组成图像的最小单位，它是小方形的颜色块。

10．使用新增的_____功能可以对任何图像元素进行精确的重新定位，创建出视觉上更具吸引力的照片。

二、选择题

1．Photoshop CS5 中使用的各种工具存放在（　　）中。

（A）菜单　　　　　　　　　　　　　（B）工具箱

（C）工具选项框　　　　　　　　　　（D）调色板

2．若要在 Photoshop CS5 中打开图像文件，可按（　　）键。

（A）Alt+O　　　　　　　　　　　　（B）Ctrl+O

（C）Alt+B　　　　　　　　　　　　（D）Ctrl+B

3．除了使用缩放工具改变图像大小以外，还可用（　　）将图像放大或缩小。

（A）抓手工具　　　　　　　　　　　（B）导航器面板

（C）测量工具 　　　　　　　　　　（D）裁剪工具

4．按（　）键可同时显示或隐藏所有打开的面板；按（　）键可以同时显示或隐藏所有打开的面板以及工具箱和属性栏。

（A）Shift 　　　　　　　　　　　（B）Tab

（C）Shift＋Tab 　　　　　　　　　（D）Ctrl

5．按（　）键，可以在图像中显示标尺。

（A）Ctrl+R 　　　　　　　　　　（B）Alt+R

（C）Ctrl+N 　　　　　　　　　　（D）Alt+N

6．（　）格式是 Photoshop CS5 默认的图像文件格式。

（A）EPS 　　　　　　　　　　　（B）TIFF

（C）PSD 　　　　　　　　　　　（D）JPG

7．（　）模式常用于图像打印输出与印刷。

（A）CMYK 　　　　　　　　　　（B）RGB

（C）HSB 　　　　　　　　　　　（D）Lab

三、简答题

1．在 Photoshop CS5 中如何置入和导入图像？

2．在 Photoshop CS5 中如何更改图像画布的大小？

3．在 Photoshop CS5 中矢量图和位图有哪些区别？

4．简述 Photoshop CS5 中图像的颜色模式。

5．简述 Photoshop CS5 的新增功能。

四、上机操作题

1．使用多种方法启动和退出 Photoshop CS5 应用程序。

2．在 Photoshop CS5 中练习使用 Adobe Bridge 打开图像文件。

3．使用 Photoshop CS5 打开一个图像文件，调整图像的尺寸和分辨率。

第 2 章　图像范围的选取及编辑

在 Photoshop CS5 中进行图像处理时，离不开选区。对选区内的图像进行操作，不影响选区外的图像。多种选取工具结合使用为精确创建选区提供了极大的方便。本章将具体介绍图像范围的选取与编辑技巧。

知识要点

- ⊕ 选区的概念
- ⊕ 图像的选取
- ⊕ 选区的编辑
- ⊕ 选区内图像的编辑

2.1　选区的概念

选区是指在图像处理时通过不同方式选中将要进行图像处理的区域，表现为一个闪烁的虚线轮廓如图 2.1.1 所示。选区范围可以是规则的，也可以是不规则的。在对图像所作的处理中只对当前选区内的像素有影响，对该选区以外的像素毫无影响，这也正是选区设置的目的。

选区内部 ————

———— 选区边界

选区外部 ————

图 2.1.1　选区

选区的概念还涉及图像的色彩和像素的因素。制作选区时不可能选取半个像素，因此在确定选区时，只有选取程度在 50％以上的像素才会有浮动的选区表现出来。可以通过各种不同的方法建立和编辑选区，选区的最终轮廓一定是封闭的。

2.2　图像的选取

Photoshop CS5 提供了单独的工具组，用于创建栅格数据选区和矢量数据选区。例如，若要选择像素，可以使用选框工具组或套索工具组，也可以使用 选择(S) 菜单中的命令来选取图像。下面对其进行具体介绍。

2.2.1 选框工具组

选框工具组又称为规则选区工具，在该工具组中包括矩形选框工具、椭圆选框工具、单行选框工具和单列选框工具。

1. 矩形选框工具

选择工具箱中的矩形选框工具 ，在新建图像中拖动鼠标，即可创建矩形选区，该工具属性栏如图 2.2.1 所示。

图 2.2.1 "矩形选框工具"属性栏

"矩形选框工具"属性栏各选项含义介绍如下：

（1）"新选区"按钮 ：该按钮表示在新建图像中创建一个独立的选区，即如果新建图像中已创建了一个选区，再次使用矩形选框工具创建选区，新创建的选区将会替代原来的选区，如图 2.2.2 所示。

（2）"添加到选区"按钮 ：该按钮表示在图像原有选区的基础上增加选区，即新创建的选区将和原来的选区合并为一个新选区，如图 2.2.3 所示。

图 2.2.2 创建新矩形选区　　　　　　图 2.2.3 添加到选区

（3）"从选区中减去"按钮 ：该按钮表示从图像原有选区中减去选区，即从图像原选区中减去新选区与原选区的重叠部分，剩下的部分成为新的选区，如图 2.2.4 所示。

（4）"与选区交叉"按钮 ：该按钮表示选取两个选区中的交叉重叠部分，即仅保留新创建选区与原选区的重叠部分，如图 2.2.5 所示。

图 2.2.4 从选区中减去　　　　　　图 2.2.5 与选区交叉

（5） ：该选项用来设置选区边界处的羽化宽度。羽化就是对选区的边缘进行柔和模糊处理。输入数值越大，羽化程度越高。

（6）**样式**：选中此选项后，单击其右侧的下拉按钮**▼**，弹出样式下拉列表（见图 2.2.1）。

1）正常：鼠标拖动出的矩形范围就是创建的选区。

2）固定比例：选中此选项后，使用鼠标拖动出的矩形选区的宽度和高度总是按照一定的比例变化，可在 **宽度** 和 **高度** 文本框中输入数值来设定比例，在此设置 **宽度** 为"1"，**高度** 为"2"，效果如图 2.2.6 所示。

3）固定大小：选中此选项后，在 **宽度** 和 **高度** 文本框中输入数值，拖动鼠标时自动生成已设定大小的选区，在此设置 **宽度** 为"100px"，**高度** 为"100px"，效果如图 2.2.7 所示。

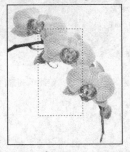 

图 2.2.6　创建固定比例的选区　　　　图 2.2.7　创建固定大小的选区

技巧：选择工具箱中的矩形选框工具后，按住"Shift"键，可以在新建图像中创建正方形选区。

2. 椭圆选框工具

单击工具箱中的"椭圆选框工具"按钮，其属性栏如图 2.2.8 所示。

图 2.2.8　"椭圆选框工具"属性栏

此属性栏与矩形选框工具属性栏的用法相同，只是椭圆选框工具多了一个 **消除锯齿** 复选框，选中此复选框，在图像中选取的图像边缘会更平滑。

单击椭圆选框工具，在图像中按住鼠标左键并拖动即可绘制椭圆选区，按住"Shift"键可绘制圆选区，如图 2.2.9 所示。

图 2.2.9　绘制椭圆和圆选区

3. 单行选框工具

单击工具箱中的"单行选框工具"按钮，在图像中单击鼠标左键，可创建一个 1 像素高的单行选区，如图 2.2.10 所示。

4．单列选框工具

单击工具箱中的"单列选框工具"按钮 ，在图像中单击鼠标左键，可创建一个 1 像素宽的单列选区，如图 2.2.11 所示。

图 2.2.10　绘制单行选区　　　　　　　　　图 2.2.11　绘制单列选区

2.2.2　套索工具组

套索工具组是一种常用的范围选取工具，主要用于选择不规则的区域。套索工具组包括套索工具、多边形套索工具和磁性套索工具 3 种。

1．套索工具

套索工具既可以创建不规则选区，也可以创建手绘的选区边框，这个区域可以是任意形状的，如图 2.2.12 所示。

图 2.2.12　使用套索工具创建的选区

要使用套索工具创建不规则选区，其具体的操作方法如下：

（1）单击工具箱中的"套索工具"按钮 ，此时可显示出该工具的属性栏，如图 2.2.13 所示。

图 2.2.13　"套索工具"属性栏

（2）在此属性栏中设置消除锯齿与选区边缘的羽化程度。

（3）将鼠标移至图像中，按住鼠标左键并拖动，即可以创建不规则选区，释放鼠标后，选区首尾会自动连接形成一个闭合的不规则选区。

2．多边形套索工具

利用多边形套索工具可以创建不规则形状的多边形选区，如五角形、三角形、梯形等。如图 2.2.14 所示是使用多边形套索工具创建的选区。

图 2.2.14　使用多边形套索工具创建的选区

使用多边形套索工具创建不规则选区的具体操作方法如下：

（1）单击工具箱中的"多边形套索工具"按钮，此时可显示出该工具的属性栏，如图 2.2.15 所示。

图 2.2.15　"多边形套索工具"属性栏

（2）将光标移至图像中，此时光标会变成多边形套索形状。

（3）在起始位置单击鼠标左键，移动鼠标拖出一条线。

（4）再次单击鼠标左键，可以继续绘制需要选择的区域。

（5）连续单击鼠标左键，当光标拖移至起点附近时，光标将变成形状，单击鼠标左键，形成闭合选区。

使用多边形套索工具创建选区时，按住"Shift"键可以按水平、垂直或 45°的方向绘制选区，如图 2.2.16 所示。

图 2.2.16　使用多边形套索工具按方向绘制选区

提示：使用多边形套索工具创建选区时，终点没有回到起点，双击鼠标左键可自动连接起点与终点，从而形成一个封闭的不规则选区。

3. 磁性套索工具

磁性套索工具是一种具有可识别边缘的套索工具。此工具常用于图像与背景反差较大、形状较复杂的图像选取。

使用磁性套索工具创建选区的具体操作方法如下：

（1）单击工具箱中的"磁性套索工具"按钮，将光标移至图像上，单击确定起点。

（2）沿图像边缘移动光标，如图 2.2.17 所示。

（3）当光标回到起点处时，光标右下角会出现一个小圆圈，表示选择区域已经封闭，单击即可完成选取的操作，如图 2.2.18 所示。

图 2.2.17　使用磁性套索工具在图像中移动光标　　　图 2.2.18　使用磁性套索工具创建的选区

在"磁性套索工具"属性栏中还可以设置其他选项参数，如图 2.2.19 所示。

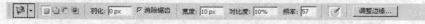

图 2.2.19　"磁性套索工具"属性栏

对比度：选项可设置磁性套索工具在选取图像时选区与图像边缘的反差，其取值范围在 1%～100%之间，值越大，反差越大，选取的范围越精确；频率：选项可设置选取时的定点数。也就是说，在创建选区时路径中产生的节点起到了定位选取的作用。在选取时每单击一次鼠标即可产生一个节点，以便准确指定当前选定的位置。它的取值范围在 0～100 之间，数值越大，产生的节点数越多。

2.2.3　魔棒工具组

魔棒工具组也就是相近颜色选取工具组，它包括魔棒工具和快速选择工具两种。使用魔棒工具组可以选择图像内色彩相同或相近的区域，还可以设置该工具的色彩范围或容差，以获得所需要的选区。

1. 魔棒工具

利用魔棒工具可以根据一定的颜色范围来创建选区。单击工具箱中的"魔棒工具"按钮，其属性栏如图 2.2.20 所示。

图 2.2.20　"魔棒工具"属性栏

在 容差：文本框中输入数值，可以设置选取的颜色范围，其取值范围为 1～255，数值越大，选取的颜色范围就越大，如图 2.2.21 所示。

容差值为 10　　　　　　　　　　　　　　容差值为 50

图 2.2.21　以不同容差值创建的选区

选中 对所有图层取样 复选框，可选取图像中所有图层中颜色相近的范围。反之，只在当前图层中选择。

　　选中 <input type="checkbox" checked/> 连续 复选框，在创建选区时，只在与鼠标单击相邻的范围内选择，否则将在整幅图像中选择，如图 2.2.22 所示。

未选中"连续"复选框　　　　　　　　　　　选中"连续"复选框

图 2.2.22　选中与未选中"连续"复选框创建的选区

　　注意：使用魔棒工具进行范围选取时，一般将选取方式设置为"新选区"，此外还有 3 种模式："添加到选区""从选区中减去""与选区交叉"，可根据需要自行选择。

2．快速选择工具

　　对于背景色比较单一且与图像反差较大的图像，快速选择工具有着得天独厚的优势。单击工具箱中的"快速选择工具"按钮 ，其属性栏如图 2.2.23 所示。

图 2.2.23　"快速选择工具"属性栏

　　"快速选择工具"属性栏各选项含义如下：

　　：按下此按钮则表示创建新选区。

　　：在鼠标拖动过程中选区不断增加。

　　：从大的选区中减去小的选区。

　　：单击右侧的下拉按钮，可快速打开"画笔"选取器面板，从中可以设置画笔笔触的大小。

　　对所有图层取样：选中此复选框，表示基于所有图层创建一个选区。

　　自动增强：选中此复选框，表示减少选区边界的粗糙度和块效应。"自动增强"可自动将选区向图像边缘进一步靠近并应用一些边缘调整。

　　使用快速选择工具创建的选区如图 2.2.24 所示。

图 2.2.24　使用快速选择工具创建选区

2.2.4 色彩范围命令

利用色彩范围命令可以从整幅图像中选取与某颜色相似的像素，而不只是选择与单击处颜色相近的区域。下面通过一个例子介绍色彩范围命令的应用，具体的操作方法如下：

（1）按"Ctrl+O"键，打开一幅图像，选择菜单栏中的 选择(S) → 色彩范围(C)... 命令，弹出"色彩范围"对话框，如图 2.2.25 所示。

在 选择(C): 下拉列表中选择用来定义选取颜色范围的方式，如图 2.2.26 所示。其中红色、黄色、绿色等选项用于在图像中指定选取某一颜色范围；高光、中间调和阴影这些选项用于选取图像中不同亮度的区域；溢色选项可以用来选择在印刷中无法表现的颜色。

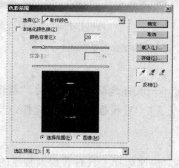

图 2.2.25　"色彩范围"对话框　　　　图 2.2.26　"选择"下拉列表

在 颜色容差(E): 文本框中输入数值，可以调整颜色的选取范围。数值越大，包含的相似颜色越多，选取范围也就越大。

单击 ✐ 按钮，可以吸取所要选择的颜色；单击 ✐ 按钮，可以增加颜色的选取范围；单击 ✐ 按钮，可以减少颜色的选取范围。

选中 ⊙ 选择范围(E) 单选按钮，图像预览框中显示的是选择的范围，其中白色为选中的区域，黑色为未选中的区域。如果取消选中该单选按钮，则图像预览框中为全黑色。

选中 ⊙ 图像(M) 单选按钮，图像预览框中显示的是原始图像，用于观察和选择。

选中 ☑ 反相(I) 复选框可将选区与非选区互相调换。

在 选区预览(T): 下拉列表中可以选择用于控制原图像在所创建的选区下的显示情况。

（2）当用户在"色彩范围"对话框中设置好参数后，单击 确定 按钮，所有与用户设置相匹配的颜色区域都会被选取，效果如图 2.2.27 所示。

图 2.2.27　使用色彩范围命令创建选区

（3）如果要修改选区，可使用 ✐ 或 ✐ 单击图像增加或减小选区。

2.3　选区的编辑

利用编辑选区命令可以对已有选区进行各种编辑操作，如移动、反向、变换、羽化、填充、描边以及存储和载入选区等，下面分别进行介绍。

2.3.1　移动和隐藏选区

创建选区后，有时需要将选区进行移动，此时可通过以下两种方法来完成。

（1）使用鼠标移动选区。选择任意一个选取工具并且确认其属性栏中创建选区的方式为创建新选区，此时将鼠标移至选区内，鼠标显示为 ▷ 状态，按住鼠标左键拖动即可移动选区，如图 2.3.1 所示。

图 2.3.1　移动选区

（2）使用键盘移动选区。使用键盘移动选区时，每按一下方向键，选区会沿相应方向移动 1 个像素，按住"Shift"键的同时按方向键，选区会以 10 个像素为单位移动。

如果不希望看到选区，但又不想取消选区，此时就可以使用选区的隐藏功能将选区隐藏起来。选择菜单栏中的 视图(V) → 显示(H) → 选区边缘(S) 命令，即可隐藏选区，需要显示时再次选择此命令即可。

2.3.2　反向和取消选区

反向命令可以将当前图像中的选区和非选区进行相互转换。打开一幅图像并创建选区，然后选择菜单栏中的 选择(S) → 反向(I) 命令，或按"Shift+Ctrl+I"键，系统会将已有选区进行反向，效果如图 2.3.2 所示。

图 2.3.2　反向选择效果

在操作过程中，当不需要一个选区时，可以选择菜单栏中的 选择(S) → 取消选择(D) 命令，或按"Ctrl+D"键取消选区。

2.3.3　修改选区

修改选区的命令包括边界、平滑、扩展、收缩和羽化 5 个，它们都集中在 选择(S) → 修改(M) 命令子菜单中。用户利用这些命令可以对已有的选区进行更加精确的调整，以得到满意的选区。

（1）选择菜单栏中的 选择(S) → 修改(M) → 边界(B)... 命令，弹出"边界选区"对话框，用户可在该对话框中的 宽度(W): 文本框中输入数值确定边界的扩展程度，数值越大，边界扩展的程度就越大，效果如图 2.3.3 所示。

图 2.3.3　选区边界的扩展

（2）选择菜单栏中的 选择(S) → 修改(M) → 平滑(S)... 命令，弹出"平滑选区"对话框，可在该对话框中的 取样半径(S): 文本框中输入数值确定边界的平滑程度，数值越大，边界越平滑，效果如图 2.3.4 所示。

图 2.3.4　选区的平滑

（3）选择菜单栏中的 选择(S) → 修改(M) → 扩展(E)... 命令，弹出"扩展选区"对话框，可在该对话框中的 扩展量(E): 文本框中输入数值确定扩展的程度，数值越大，选区扩展的程度就越大，效果如图 2.3.5 所示。

图 2.3.5　图像选区的扩展

（4）选择菜单栏中的 选择(S) → 修改(M) → 收缩(C)... 命令，弹出"收缩选区"对话框，可在

该对话框中的 收缩量(C): 文本框中输入数值确定收缩的程度，数值越大，选区收缩的程度就越大，效果如图 2.3.6 所示。

图 2.3.6 图像选区的收缩

（5）选择菜单栏中的 选择(S) → 修改(M) → 羽化(F)... 命令，或按 "Shift+F6" 键，弹出 "羽化选区" 对话框，可在该对话框中的 羽化半径(R): 文本框中输入数值确定羽化的效果，数值越大，选区的边缘越平滑，效果如图 2.3.7 所示。

图 2.3.7 图像选区的羽化

2.3.4 变换选区

变换选区命令可对已有选区做任意形状的变换，如放大、缩小、旋转等，具体的操作步骤如下：

（1）按 "Ctrl+O" 键，打开一幅图像并创建选区，然后选择菜单栏中的 选择(S) → 变换选区(T) 命令，选区的边框上将会出现 8 个节点，如图 2.3.8 所示。

（2）将鼠标移至一个节点上，当鼠标光标变成 ↙ 形状时，拖动鼠标可以调整选区大小，如图 2.3.9 所示。

图 2.3.8 显示 8 个节点　　　　　　图 2.3.9 调整选区大小

（3）将鼠标移至选区以外的任意一角，当鼠标光标变成 ↻ 形状时，拖动鼠标可以旋转选区，效果如图 2.3.10 所示。

（4）用鼠标右键单击变换框，可弹出如图 2.3.11 所示的快捷菜单，在其中可以选择不同的命令对选区进行相应的变换。如图 2.3.12 所示为使用变形命令调整选区后的效果。

图 2.3.10　旋转选区

图 2.3.11　快捷菜单

图 2.3.12　调整选区后图像的效果

（5）对选区变换完成后，按"Enter"键可确认变换操作，按"Esc"键可以取消变换操作。

2.3.5　填充选区

利用填充命令可以在创建的选区内部填充颜色或图案，具体的操作步骤如下：

（1）打开一个图像文件，使用工具箱中的快速选择工具创建一个选区，效果如图 2.3.13 所示。

（2）选择菜单栏中的 编辑(E) → 填充(L)... 命令，弹出"填充"对话框，如图 2.3.14 所示。

图 2.3.13　创建选区

图 2.3.14　"填充"对话框

（3）在 使用(U): 下拉列表中可以选择填充时所使用的对象。

（4）在 自定图案: 下拉列表中可以选择所需要的图案样式。该选项只有在 使用(U): 下拉列表中选择"图案"选项后才能被激活。

（5）在 模式(M): 下拉列表中可以选择填充时的混合模式。

（6）在 不透明度(O): 文本框中输入数值，可以设置填充时的不透明程度。

（7）选中 ☑ 保留透明区域(P) 复选框，填充时将不影响图层中的透明区域。

（8）设置完成后，单击 确定 按钮即可填充选区，效果如图 2.3.15 所示。

颜色填充

内容识别填充

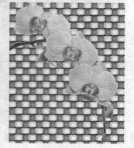

图案填充

图 2.3.15　填充选区效果

2.3.6 描边选区

在对图像的编辑过程中，可以利用对选区的边缘添加描边效果来产生特殊的图像效果。打开一幅需要描边的图像文件，然后使用工具箱中的磁性套索工具创建一个如图 2.3.16 所示的选区，选择菜单栏中的 编辑(E) → 描边(S)... 命令，弹出"描边"对话框，如图 2.3.17 所示。

图 2.3.16 创建选区   图 2.3.17 "描边"对话框

"描边"对话框中的各选项含义介绍如下：

宽度(W)： 在该文本框中输入数值可确定描边的宽度。

颜色： 单击右侧的颜色小方块，弹出"拾色器"对话框，可以在拾色器中选择描边的颜色。

位置： 在该选项区中有 3 个选项，分别为 ⊙ 内部(I) 、⊙ 居中(C) 和 ⊙ 居外(U)，它们用于设置描边的位置。

设置好以上参数后，单击 确定 按钮，即可对选区创建描边效果，如图 2.3.18 所示。

内部描边   居中描边   外部描边

图 2.3.18 为选区描边

2.3.7 存储与载入选区

使用存储选区命令可以将制作好的选区存储到通道中，以方便以后调用。同样，我们也可以使用载入选区命令将存储好的选区载入重新使用。其具体操作步骤如下：

（1）按"Ctrl+O"键打开一个图像文件，使用工具箱中的磁性套索工具在图像中创建如图 2.3.19 所示的选区。

（2）选择菜单栏中的 选择(S) → 存储选区(V)... 命令，弹出"存储选区"对话框，设置其对话框参数如图 2.3.20 所示。

图 2.3.19　创建选区

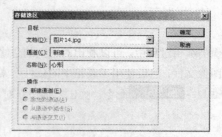
图 2.3.20　"存储选区"对话框

（3）设置好各选项参数后，单击 按钮，即可将选区存储在通道面板中，如图 2.3.21 所示。

（4）按"Ctrl+D"键取消选区，然后使用工具箱中的魔棒工具在图像中创建选区，效果如图 2.3.22 所示。

图 2.3.21　通道面板

图 2.3.22　使用魔棒工具创建选区

（5）选择菜单栏中的 选择(S) → 载入选区(O)... 命令，弹出"载入选区"对话框，设置其对话框参数如图 2.3.23 所示。

（6）设置好参数后，单击 确定 按钮，即可将载入的选区添加到已有选区中，效果如图 2.3.24 所示。

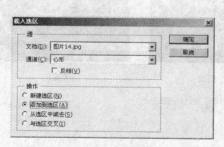
图 2.3.23　"载入选区"对话框

图 2.3.24　载入选区效果

2.4　选区内图像的编辑

在 Photoshop CS5 中创建好选区后，可以通过多种操作方法对选区内的图像进行编辑，包括拷贝与粘贴选区内图像、选择性粘贴选区内图像、变换选区内图像等内容。下面进行具体介绍。

2.4.1　拷贝与粘贴选区内图像

选区内图像的复制和粘贴在图像处理和编辑选区时也经常用到，下面就介绍几种常用的对选区内图像进行复制、粘贴的方法。

（1）在确定了要复制选区内的图像后，选择菜单栏中的 `编辑(E)` → `拷贝(C)` 命令，即可完成选区的复制，其快捷键为"Ctrl+C"；选择菜单栏中的 `编辑(E)` → `粘贴(P)` 命令可完成选区内图像的粘贴，其快捷键为"Ctrl+V"。

（2）如果同时打开了两个图像，则可以利用移动工具 将一个图像拖曳到另一个图像中，完成图像或选区的复制与粘贴。

（3）按快捷键"Ctrl+Alt"的同时拖曳选区内的图像到图像窗口的另一处，即可完成选区内图像的复制与粘贴。其操作过程如图 2.4.1 所示。

原始图像

利用磁性套索工具创建的选区

按下快捷键"Ctrl+Alt"时状态图

选区复制状态图

图 2.4.1　使用快捷键"Ctrl+Alt"复制选区

提示：也可按"Alt"键，对选区内的图像进行复制。

2.4.2　选择性粘贴选区内图像

Photoshop CS5 新增了选择性粘贴命令，在该命令中还包括了 3 个子命令，分别为原位粘贴命令、贴入命令和外部粘贴命令。用户可以根据需要在复制图像的原位置粘贴图像，或者有所选择的粘贴复制图像的某一部分。

（1）打开一个图像文件，使用工具箱中的魔棒工具 选取如图 2.4.2 所示的图像部分，然后按"Ctrl+C"键复制图像。

（2）选择菜单栏中的 `编辑(E)` → `选择性粘贴(I)` → `原位粘贴(P)` 命令，将复制的图像原位置粘贴，效果如图 2.4.3 所示。

图 2.4.2 选取图像

图 2.4.3 将图像原位置粘贴

（3）使用工具箱中的椭圆选框工具 ⬭ 创建一个如图 2.4.4 所示的椭圆选区，然后选择菜单栏中的 编辑(E) → 选择性粘贴(I) → 贴入(I) 命令，将复制的图像贴入到选区中，并调整其大小和位置，效果如图 2.4.5 所示。

图 2.4.4 绘制椭圆选区

图 2.4.5 贴入图像效果

（4）选择菜单栏中的 编辑(E) → 选择性粘贴(I) → 外部粘贴(O) 命令，可将复制的图像粘贴到选区的外部，效果如图 2.4.6 所示。

图 2.4.6 外部粘贴图像效果

2.4.3 变换选区内图像

利用 编辑(E) 菜单中的 自由变换(F) 和 变换 两个命令来完成选区内图像的变换操作，以下进行具体介绍。

1. 自由变换命令

利用自由变换命令可对选区内的图像进行旋转、缩放、扭曲和拉伸等各种变形操作，其具体操作方法如下：

（1）打开一个图像文件，单击工具箱中的"矩形选框工具"按钮 ，在图像中创建选区，效果如图 2.4.7 所示。

（2）选择菜单栏中的 编辑(E) → 自由变换(F) 命令，在图像周围会出现 8 个调节框，如图 2.4.8 所示。

图 2.4.7　打开图像并创建选区　　　　　图 2.4.8　应用自由变换命令

（3）将鼠标指针置于矩形框周围的节点上单击并拖动，即可将选区内图像放大或缩小，如图 2.4.9 所示为缩小选区内的图像效果。

（4）将鼠标指针置于矩形框周围节点以外，当指针变成 ↖ 形状时单击并移动鼠标可旋转图像，如图 2.4.10 所示。

图 2.4.9　缩小图像效果　　　　　　　　图 2.4.10　旋转图像效果

另外，执行自由变换命令以后，在其属性栏中还增加了"变形图像"按钮 ，单击此按钮其属性栏中会多出 自定 ▼ 下拉列表框，再单击右侧的三角形按钮 ▼，则可弹出"变形图像"下拉列表，如图 2.4.11 所示。

图 2.4.11　"变形图像"下拉列表

以下将列举几种图像变换效果，如图 2.4.12 所示。

<table>
<tr><td>原图</td><td>下弧</td><td>旗帜</td></tr>
<tr><td>花冠</td><td>鱼形</td><td>膨胀</td></tr>
</table>

图 2.4.12　几种图像变换效果

2．变换命令

利用变换命令可对图像进行斜切、扭曲、透视等操作。其具体的操作方法如下：

选择菜单栏中的 编辑(E) → 变换 → 斜切(K) 命令，在图像周围会显示控制框，单击鼠标并调整控制框周围的节点，效果如图 2.4.13 所示。

图 2.4.13　斜切选区内图像效果

利用 扭曲(D) 和 透视(P) 命令变换图像的方法和 斜切(K) 命令相同，效果如图 2.4.14 所示。

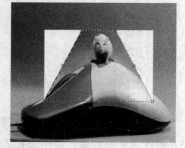

图 2.4.14　扭曲和透视图像效果

2.5　应用实例——制作照片特效

本节主要利用所学的知识制作照片特效，最终效果如图 2.5.1 所示。

图 2.5.1　最终效果图

操作步骤

（1）按"Ctrl+O"键，打开一幅如图 2.5.2 所示的图片。

（2）按"Ctrl+J"键，复制一个背景副本，然后使用工具箱中的磁性套索工具 选取图片中的荷花图像，如图 2.5.3 所示。

图 2.5.2　打开的图像　　　　　　　图 2.5.3　选取荷花图像

（3）按"Ctrl+J"键复制选区中的内容，并生成图层 1，如图 2.5.4 所示。

（4）单击图层面板下方的"新建图层"按钮 ，新建图层 2，并将其移至图层 1 的下方。

（5）单击工具箱中的"矩形选框工具"按钮 ，在新建图像中绘制一个矩形选区，并将其填充为白色，效果如图 2.5.5 所示。

图 2.5.4　复制荷花图像　　　　　　图 2.5.5　绘制并填充选区

（6）选择菜单栏中的 滤镜(T) → 杂色 → 添加杂色... 命令，在弹出的"添加杂色"对话框中设置数量值为"1"、分布为"高斯分布"、填充色为"单色"。

（7）选择菜单栏中的 图像(I) → 调整(A) → 亮度/对比度(C)... 命令，弹出"亮度/对比度"对话框，设置其对话框参数如图 2.5.6 所示。

（8）设置好参数后，单击 确定 按钮，效果如图 2.5.7 所示。

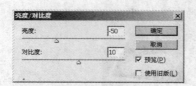

图 2.5.6 "亮度/对比度"对话框　　　　　图 2.5.7 调整杂点亮度效果

（9）选择菜单栏中的 选择(S) → 修改(M) → 收缩(C)... 命令，在弹出的"收缩"对话框中设置收缩量为"20"，然后按"Delete"键删除选区内的图像，效果如图 2.5.8 所示。

（10）按"Ctrl+D"键取消选区，然后选择菜单栏中的 编辑(E) → 变换 → 斜切(K) 命令，对图层 2 中的对象进行斜切，效果如图 2.5.9 所示。

图 2.5.8 收缩并删除选区中的对象　　　　图 2.5.9 变换图像效果

（11）将背景副本图层作为当前图层，然后单击工具箱中的"快速选择工具"按钮 ，选取白色边框外的图像，按"Delete"键进行删除，并隐藏背景图层，效果如图 2.5.10 所示。

（12）选中除背景图层外的所有图层，使用移动工具将图层中的对象水平拖曳至图像窗口的右侧，然后将图层 1 作为当前图层，使用工具箱中的橡皮擦工具 擦除如图 2.5.11 所示的花瓣图像。

图 2.5.10 删除选区内的图像　　　　　图 2.5.11 擦除图像效果

（13）显示背景图层，然后使用工具箱中的渐变工具 对背景图层进行古铜色渐变填充，效果如图 2.5.12 所示。

（14）在背景图层的上方新建图层 3，使用工具箱中的多边形套索工具绘制一个三角形选区，并将其填充为黑色，然后在图层面板中将图层不透明度设置为"35%"，效果如图 2.5.13 所示。

图 2.5.12　填充背景效果

图 2.5.13　绘制阴影

（15）选择菜单栏中的 滤镜(T) → 模糊 → 高斯模糊... 命令，在弹出的"高斯模糊"对话框中设置半径为"4"，最终效果如图 2.5.1 所示。

本 章 小 结

本章主要介绍图像范围的选取及编辑，包括选区的概念、图像的选取、选区的编辑以及选区内图像的编辑等知识。通过本章的学习，读者可掌握各种选区创建工具的使用方法与技巧，并能够对创建的选区进行更加精确的修改和编辑操作。

实 训 练 习

一、填空题

1．在 Photoshop CS5 中，选框工具组又称为_____，在该工具组中包括_____、_____、_____和_____。

2．_____工具组是一种常用的范围选取工具，主要用于选择不规则的区域。

3．使用_____命令可以对当前选区的边角进行圆滑处理，使选区变得平滑且连续。

4．在 Photoshop CS5 中，_____是通过创建选区与其周边像素的过渡边界，使边缘模糊，产生融合的效果。

5．使用_____工具可以选择图像内色彩相同或者相近的区域，而无须跟踪其轮廓。

6．利用_____命令可在图像窗口中指定颜色来定义选区，并可通过指定其他颜色来增加活动选区。

7．选择_____命令，可使变换框在保持原矩形的情况下，调整选区的尺寸和长宽比例。按住_____键拖动变换框，则可按比例缩放。

8．_____是将当前图像中的选区以 Alpha 通道的形式保存起来。

二、选择题

1．在 Photoshop CS5 中，精确调整选区的命令包括（　　）种。

（A）5　　　　　　　　　　　　　　　（B）4

（C）3   （D）2

2．在 Photoshop CS5 中，若要取消制作过程中不需要的选区，可按（　）键。

（A）Ctrl+N   （B）Ctrl+D

（C）Ctrl+O   （D）Ctrl+Shift+I

3．使用（　）命令可以在当前选区的基础上创建一个环状的选区。

（A）收缩   （B）反选

（C）边界   （D）扩展

4．利用（　）命令可以将当前图像中的选区和非选区进行相互转换。

（A）反向   （B）平滑

（C）羽化   （D）边界

三、简答题

1．在 Photoshop CS5 中，如何柔化选区的边缘？

2．如何对选区进行存储和载入操作？

四、上机操作题

1．打开一幅图像，练习使用本章所学的选取工具选取图像中的某一部分。

2．练习对选区内的图像进行选择性粘贴和变换操作。

第 3 章　绘　制　图　像

Photoshop CS5 是一个功能强大的图形图像处理软件，为用户绘制各种对象提供了一整套的工具，利用它们可以十分方便地绘制出各种图形图像。

知识要点

- ➤ 绘图工具的使用
- ➤ 历史记录画笔工具组的使用
- ➤ 填充工具的使用
- ➤ 橡皮擦工具组的使用

3.1　绘图工具的使用

在 Photoshop CS5 中，用户不仅可以使用系统提供的绘图工具来创建各种图形，还可以将一些常用的图形定义成画笔，以方便图形的绘制。

3.1.1　画笔工具

画笔工具 是 Photoshop CS5 中最常用的绘图工具之一。使用画笔工具，可以绘制出各种形状及风格的图形。画笔工具使用前景色进行图形的绘制，其属性栏如图 3.1.1 所示。

图 3.1.1　"画笔工具"属性栏

单击 右侧的 按钮，可以在打开的预设画笔面板（见图 3.1.2）中设置画笔的类型及大小。

在 模式: 下拉列表中可以选择绘图时的混合模式，在其中选择不同的选项可以使利用画笔工具画出的线条产生特殊的效果。

在 不透明度: 文本框中输入数值可设置绘制图形的不透明程度。

在 流量: 文本框中输入数值可设置画笔工具绘制图形时的颜色深浅程度，数值越大，画出的图形颜色就越深。

单击 按钮，在绘制图形时，可以启动喷枪功能。

单击 按钮，或按 "F5" 键，可打开画笔面板，如图 3.1.3 所示，在此面板中可以更加灵活地设置笔触的大小、形状及各种特殊效果。

（1）选择 画笔笔尖形状 选项，可以设置笔触的形状、大小、角度以及间距等参数。

（2）选中 形状动态 复选框，可以设置笔尖形状的抖动大小和抖动方向等参数。

（3）选中 散布 复选框，可以设置以笔触的中心为轴向两边散布的数量和数量抖动的大小。

（4）选中 纹理 复选框，可以设置画笔的纹理，在画布上用画笔工具绘图时，会出现该图案的轮廓。

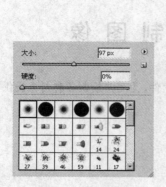

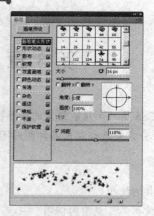

图 3.1.2　预设画笔面板　　　　　　　　　图 3.1.3　画笔面板

（5）选中 ☑双重画笔 复选框，可使用两个笔尖创建画笔笔迹，还可以设置画笔形状、直径、数量和间距等参数。

（6）选中 ☑颜色动态 复选框，可以随机地产生各种颜色，并且可以设置饱和度等各种抖动幅度。

（7）选中 ☑传递 复选框，可以调整不透明度抖动和流量抖动的幅度。

（8）☑杂色 、☑湿边 、☑喷枪 、☑平滑 、☑保护纹理 等复选框也可以用来设置画笔属性，但没有参数设置选项，只要选中复选框即可。

如图 3.1.4 所示为使用画笔工具绘制的图像效果。

图 3.1.4　使用画笔绘制图像效果

3.1.2　铅笔工具

铅笔工具用于创建类似硬边手画的直线，线条比较尖锐，对位图图像特别有用。其使用方法与画笔工具类似，单击工具箱中的"铅笔工具"按钮 ✏️，其属性栏显示如图 3.1.5 所示。

图 3.1.5　"铅笔工具"属性栏

"铅笔工具"属性栏和画笔工具相比，多了一个 ☑自动抹除 复选框，此功能是铅笔工具的特殊功能。选中此复选框，所绘制效果与鼠标单击起始点的像素有关，当鼠标起始点的像素颜色与前景色相同时，铅笔工具可表现出橡皮擦功能，并以背景色绘图；如果绘制时鼠标起始点的像素颜色不是前景色，则所绘制的颜色是前景色，效果如图 3.1.6 所示。

🔊 提示：按住"Shift"键的同时单击工具箱中的"铅笔工具"按钮 ✏️，在图像中拖动鼠标可绘制直线。

图 3.1.6　选中"自动抹除"复选框后的效果

3.1.3　颜色替换工具

使用颜色替换工具 能够进行图像中特定颜色的替换。使用要替换成的颜色在图像区域绘画即可完成颜色的替换，该工具对于"位图""索引"或"多通道"颜色模式的图像无效。单击工具箱中的"颜色替换工具"按钮 ，其属性栏如图 3.1.7 所示。

图 3.1.7　"颜色替换工具"属性栏

（1） 模式 ：该选项用于设置使用颜色替换工具时的绘画模式，在该选项中，通常将模式设置为"颜色"。

（2） ：单击该按钮，表示随着鼠标的拖移连续进行颜色的取样。

（3） ：单击该按钮，表示颜色的替换只包含第一次单击鼠标所取样的颜色。

（4） ：单击该按钮，表示只替换图像中包含当前背景色的颜色区域。

（5） 限制 ：单击该选项右侧的下拉按钮 ，弹出其下拉列表，在其中包含 3 个选项：不连续、连续和查找边缘。

1）不连续：选择此选项，将替换出现在鼠标指针下任意位置的颜色。

2）连续：选择此选项，将替换图像中与鼠标指针所处位置颜色邻近的颜色。

3）查找边缘：选择此选项，将替换包含样本颜色的连接区域，同时更好地保留形状边缘的锐化程度。

如图 3.1.8 所示为使用颜色替换工具替换图像中的颜色效果。

原始图像　　　　　　　　　　　　替换颜色后的图像

图 3.1.8　使用颜色替换工具替换图像的颜色

注意：用户可按住"Alt"键在图像中单击确定替换的颜色，也可以在前景色色块中选择要替换的颜色。

3.1.4 混合器画笔工具

在 Photoshop CS5 中，借助混色器画笔和毛刷笔尖，用户可以创建逼真、带纹理的笔触，轻松地将图像转变为绘图或创建独特的艺术效果。单击工具箱中的"混合器画笔工具"按钮，其属性栏显示如图 3.1.9 所示。

图 3.1.9 "混合器画笔工具"属性栏

（1）在 下拉列表中可以重新载入或清除画笔，也可以设置一个颜色，让它与涂抹的颜色进行混合。

（2）单击"每次描边后载入画笔"按钮 和"每次描边后清理画笔"按钮，可控制每一笔涂抹结束后对画笔是否更新和清理。类似于画家在绘画时一笔过后是否将画笔在水中清洗的选项。

（3）单击 右侧的下拉按钮，弹出如图 3.1.10 所示的"混合画笔组合"下拉列表，在此下拉列表中提供了预设的混合画笔，当用户选择某一种混合画笔时，右侧的 4 个选项参数会自动改变为预设值。其中，**潮湿:** 选项用于设置从画布拾取的油彩量；**载入:** 选项用于设置画笔上的油彩量；**混合:** 选项用于设置颜色混合的比例；**流量:** 选项用于设置描边的流动速率。

混合器画笔工具中的其他参数与画笔工具属性栏中的参数相同，在此就不再赘述。如图 3.1.11 所示为使用混合器画笔工具绘制的云朵效果。

图 3.1.10 "混合画笔组合"下拉列表   图 3.1.11 绘制的云朵效果

3.2 历史记录画笔工具组的使用

在 Photoshop CS5 中，历史记录画笔工具组包括历史记录画笔和历史记录艺术画笔两种工具，用户通过设置它们属性栏中的数值可以制作出特殊的图像效果。下面对其进行具体介绍。

3.2.1 历史记录画笔工具

使用历史记录画笔工具可以将处理后的图像恢复到指定状态，该工具必须结合历史记录面板来进行操作。"历史记录画笔工具"属性栏如图 3.2.1 所示。

图 3.2.1　"历史记录画笔工具"属性栏

"历史记录画笔工具"属性栏中各选项含义与画笔工具相同。使用历史记录画笔工具和历史记录面板对图像进行恢复的方法如下：

（1）使用椭圆选框工具在图像中绘制一个椭圆选区，并将其填充为白色，效果如图 3.2.2 所示。

（2）单击工具箱中的"画笔工具"按钮，在其属性栏中设置画笔的大小、样式、不透明度以及流量，然后将鼠标移至图像中按住鼠标左键拖动绘制图像，效果如图 3.2.3 所示。

图 3.2.2　绘制并填充椭圆选区　　　　图 3.2.3　使用画笔工具绘制图像效果

（3）选择菜单栏中的 窗口(W) → 历史记录 命令，打开历史记录面板，此时历史记录面板显示如图 3.2.4 所示。

（4）单击工具箱中的"历史记录画笔工具"按钮，然后在历史记录面板中的 打开 列表前单击图标，可以设置历史记录画笔的源，此时在图标内会出现一个历史画笔图标，如图 3.2.5 所示。

（5）在"历史记录画笔工具"属性栏中设置好画笔的大小，按住鼠标左键在图像中需要恢复的区域来回拖动，此时可看到图像将回到打开状态时所显示的图像，效果如图 3.2.6 所示。

图 3.2.4　历史记录面板　　图 3.2.5　设置历史记录画笔的源　　图 3.2.6　使用历史记录画笔工具恢复的图像

3.2.2　历史记录艺术画笔工具

历史记录艺术画笔工具使用指定历史记录状态或快照中的源数据，以风格化描边进行绘画。通过设置不同的绘画样式、大小和容差选项，可以用不同的色彩和艺术风格模拟绘画的纹理。单击工具箱中的"历史记录艺术画笔工具"按钮，其属性栏如图 3.2.7 所示。

图 3.2.7　"历史记录艺术画笔工具"属性栏

在 模式 下拉列表中选择一种选项可控制绘画描边的形状。

在 不透明度: 输入框中输入数值，可设置恢复图像和原来图像的相似程度。数值越大，恢复图像与原图像越接近。

在 区域: 输入框中输入数值，可指定绘画描边所覆盖的区域。数值越大，覆盖的区域就越大，描边的数量也就越多。

历史记录艺术画笔工具与历史记录画笔工具的操作方法基本相同。所不同的是，历史记录画笔工具能将局部图像恢复到指定的某一步操作，而历史记录艺术画笔工具却能将局部图像依照指定的历史记录状态转换成手绘图效果。使用此工具时也须结合历史记录面板一起使用。

如图 3.2.8 所示为使用历史记录艺术画笔工具绘制的图像效果。

图 3.2.8 使用历史记录艺术画笔工具效果

3.3 填充工具的使用

在 Photoshop CS5 中，不仅可以使用命令或快捷键对图像或选区进行填充，系统还提供了专门的填充工具来实现这一功能，利用它们可以创建不同的填充效果。

3.3.1 颜色面板

颜色面板显示当前前景色和背景色的颜色值。使用颜色面板中的滑块，可以利用几种不同的颜色模式来编辑前景色和背景色，也可以从显示在面板底部的四色曲线图中的色谱中选取前景色或背景色。选择菜单栏中的 窗口(W) → 颜色 命令，打开颜色面板，如图 3.3.1 所示。

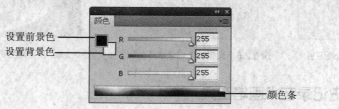

图 3.3.1 颜色面板

在默认情况下，颜色面板是以 RGB 色彩模式的滑条显示，其中有 3 个滑条分别是 R，G，B。如果用户需要使用其他模式的滑条进行选色，可在此面板右上角单击 按钮，弹出颜色面板菜单，从中选择所需的其他模式即可相应地改变滑条。

在颜色面板中单击"设置前景色"图标 或"设置背景色"图标 ，当其周围出现双线框时，表示其前景色或背景色被选中，然后即可在颜色滑杆上拖动三角滑块 来设置前景色与背景色。如果周围出现双线框，继续单击"设置前景色"图标 ■ 或"设置背景色"图标 □，就会弹出"拾色器"对话框。

颜色条位于颜色面板的最下部，默认情况下，颜色条上显示着色谱中的所有颜色。在颜色条上单击某区域，即可选择某区域的颜色。

3.3.2　油漆桶工具

利用油漆桶工具可以给图像或选区填充颜色或图案。单击工具箱中的"油漆桶工具"按钮 ，其属性栏如图 3.3.2 所示。

| 前景 ▼ | 模式: 正常 ▼ | 不透明度: 100% ▶ | 容差: 32 | ☑ 消除锯齿 | ☑ 连续的 | □ 所有图层 |

图 3.3.2　"油漆桶工具"属性栏

单击 前景 ▼ 右侧的 ▼ 按钮，在弹出的下拉列表中可以选择填充的方式，选择 前景 选项，在如图 3.3.3 所示的图像文件中单击填充前景色，如图 3.3.4 所示；选择 图案 选项，在图像中相应的范围内单击填充图案，如图 3.3.5 所示。

图 3.3.3　原图　　　　　图 3.3.4　前景色填充效果　　　　　图 3.3.5　图案填充效果

在 不透明度: 文本框中输入数值，可以设置填充内容的不透明度。

在 容差: 文本框中输入数值，可以设置在图像中的填充范围。

选中 ☑ 消除锯齿 复选框，可以使填充内容的边缘不产生锯齿效果，该选项在当前图像中有选区时才能使用。

选中 ☑ 连续的 复选框后，只在与鼠标落点处颜色相同或相近的图像区域中进行填充，否则，将在图像中所有与鼠标落点处颜色相同或相近的图像区域中进行填充。

选中 ☑ 所有图层 复选框，在填充图像时，系统会根据所有图层的显示效果将结果填充在当前层中，否则，只根据当前层的显示效果将结果填充在当前层中。

3.3.3　渐变工具

使用渐变工具 可以对整个图像或选区进行渐变颜色填充。"渐变工具"属性栏如图 3.3.6 所示。

| ■ ▼ | ■■ ■ ▶ | 模式: 正常 ▼ | 不透明度: 100% ▶ | □ 反向 | ☑ 仿色 | ☑ 透明区域 |

图 3.3.6　"渐变工具"属性栏

（1）编辑渐变 ▼：单击该按钮，弹出"渐变编辑器"对话框，用户可以在 预设 选项区中选择系统自带的渐变色，也可以通过渐变编辑器中间的渐变条来创建新的渐变，如图 3.3.7 所示。

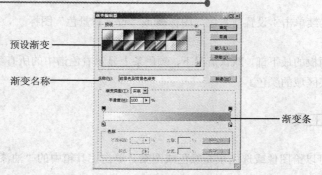

预设渐变

渐变名称

渐变条

图 3.3.7 "渐变编辑器"对话框

（2）线性渐变 ：在图像中拖动鼠标，将产生从鼠标光标的起点到终点的直线渐变效果。

（3）径向渐变 ：在图像中拖动鼠标，将产生以鼠标光标的起点为中心，以起点至终点的连线为半径的圆形渐变效果。

（4）角度渐变 ：在图像中拖动鼠标，将产生以鼠标光标的起点为中心，自拖动鼠标方向起逆时针旋转一周的锥形渐变效果。

（5）对称渐变 ：在图像中拖动鼠标，将产生以垂直于鼠标拖出的线段且经过拖动起点的直线为对称轴的对称渐变效果。

（6）菱形渐变 ：在图像中拖动鼠标，将产生以鼠标光标的起点为中心，以起点至终点的连线为半径的菱形渐变效果。

（7）反向：选中该复选框表示将设置好的渐变进行反向。

（8）仿色：选中该复选框后将会使渐变的过渡色更加自然、柔和。

（9）透明区域：选中该复选框表示可以设置该工具属性栏中的不透明度：以创建透明的图像效果。

使用渐变工具并选择不同的渐变类型创建的渐变效果如图 3.3.8 所示。

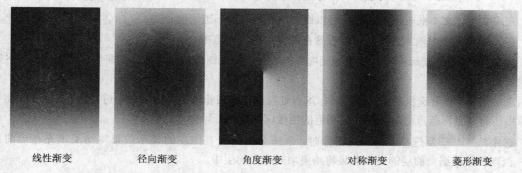

线性渐变　　　　径向渐变　　　　角度渐变　　　　对称渐变　　　　菱形渐变

图 3.3.8 5 种不同的渐变效果

3.3.4 吸管工具

使用吸管工具可以直接在图像区域中进行颜色采样，并将采样颜色显示在前景色色块中。单击工具箱中的"吸管工具"按钮 ，将鼠标移至图像中需要选取颜色的区域上单击，如图 3.3.9 所示，就可完成采样工作。

使用吸管工具时，也可设置其属性栏中的参数，其属性栏如图 3.3.10 所示。

图 3.3.9　使用吸管工具选取颜色

图 3.3.10　"吸管工具"属性栏

单击 取样大小: 下拉列表，在此下拉列表中提供了 3 种选取颜色的方式。

选择 取样点 选项，表示吸取样点的范围为 1 个像素。

选择 3×3平均 选项，表示吸取样点的范围为 9 个像素的色彩平均值。

选择 5×5平均 选项，表示吸取样点的范围为 25 个像素色彩的平均值。

3.4　橡皮擦工具组的使用

使用橡皮擦工具组可以精确地擦除图像及图像边缘部分。橡皮擦工具组包括橡皮擦工具、背景橡皮擦工具和魔术橡皮擦工具，用户可以根据图像的不同特性选择合适的橡皮擦工具。

3.4.1　橡皮擦工具

当使用橡皮擦工具 进行擦除时，如果该图层为背景层，则擦除的部分使用背景色进行填充；如果该图层为一个普通图层，则擦除的部分显示为透明的方形栅格。单击工具箱中的"橡皮擦工具"按钮 ，其属性栏如图 3.4.1 所示。

图 3.4.1　"橡皮擦工具"属性栏

模式:：单击该选项右侧的下拉按钮 ，弹出其下拉列表，在该下拉列表中包含 3 个选项：画笔、铅笔和块，它们用来设置使用橡皮擦工具擦除的模式。如果选择"块"模式，橡皮擦工具显示为固定大小的色块，即使无限放大图像，该色块的大小也不会改变。

抹到历史记录：选中该复选框表示可以在历史记录控制面板中设定擦除的状态。

使用橡皮擦工具擦除图像的效果如图 3.4.2 所示。

图 3.4.2　使用橡皮擦工具擦除图像

3.4.2 背景橡皮擦工具

使用背景橡皮擦工具 可以直接将图像中被擦除部分变成透明的方形栅格而不填充任何颜色。单击工具箱中的"背景橡皮擦工具"按钮 ，其属性栏如图 3.4.3 所示。

图 3.4.3 "背景橡皮擦工具"属性栏

（1） ：单击该按钮，表示随着鼠标的拖动可连续进行色彩的取样并依据取样的颜色进行擦除。

（2） ：单击该按钮，表示只擦除第一次单击鼠标取样的颜色区域。

（3） ：单击该按钮，表示只擦除包含当前背景色的颜色区域。

（4） 限制：单击该选项右侧的下拉按钮 ，弹出其下拉列表。在该下拉列表中包含了 3 个选项：连续、邻近和查找边缘，用于设置选取擦除的限制模式。

　　1）连续：该选项表示擦除图像中所有与样本颜色近似的区域。

　　2）邻近：该选项表示擦除图像中包含样本颜色并且相互连接的区域。

　　3）查找边缘：该选项表示擦除包含样本颜色的图像连接区域，同时更好地保留形状边缘的锐化程度。

（5） 容差：用于确定擦除图像或选区的颜色容差范围。

（6） 保护前景色：选中该复选框可避免擦除与工具箱中的前景色匹配的区域。

使用背景橡皮擦工具擦除图像的效果如图 3.4.4 所示。

图 3.4.4 使用背景橡皮擦工具擦除图像

3.4.3 魔术橡皮擦工具

使用魔术橡皮擦工具 就像使用魔术棒工具一样，不同的是该工具不仅能将颜色单一的图像背景一次性选择，而且还能将其擦除。单击工具箱中的"魔术橡皮擦工具"按钮 ，其属性栏如图 3.4.5 所示。

图 3.4.5 "魔术橡皮擦工具"属性栏

在 容差：输入框中输入数值，可以设置擦除颜色范围的大小，输入的数值越小，则擦除的范围越小。

选中 消除锯齿 复选框，可以消除擦除图像时的边缘锯齿现象。

选中 对所有图层取样 复选框，可以针对所有图层中的图像进行操作。

在 不透明度: 输入框中输入数值，可以设置擦除画笔的不透明度。

选中 连续 复选框，将会擦除与鼠标单击处颜色相近且相连的区域；如果不选中此复选框，则会擦除图层中所有与鼠标单击处颜色相近的区域。

使用魔术橡皮擦工具擦除图像的效果如图 3.4.6 所示。

图 3.4.6　使用魔术橡皮擦工具擦除图像

3.5　应用实例——绘制中国结

本节主要利用所学的知识绘制中国结，最终效果如图 3.5.1 所示。

图 3.5.1　最终效果图

操作步骤

（1）启动 Photoshop CS5 应用程序，按"Ctrl+N"键，弹出"新建"对话框，设置其对话框参数如图 3.5.2 所示。设置好参数后，单击 确定 按钮，关闭该对话框。

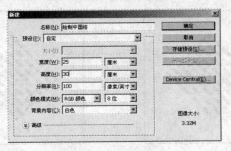

图 3.5.2　"新建"对话框

（2）新建图层 1，设置前景色为"DB261B"，按住"Shift"键，使用画笔工具 ⟋ 绘制一条垂直线，然后按"Shift+Alt"键水平复制出 8 个图层 1 副本，并将其水平居中分布，效果如图 3.5.3 所示。

（3）按"Ctrl+E"键，向下合并 9 条垂直线所在的图层为图层 1，然后复制一个图层 1 副本，选择菜单栏中的 编辑(E) → 变换(A) → 旋转 90 度(顺时针)(9) 命令，效果如图 3.5.4 所示。

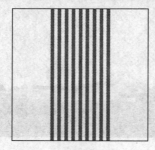
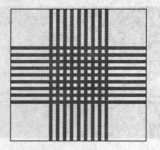

图 3.5.3　绘制垂直线　　　　　　　　图 3.5.4　复制并变换线条

（4）链接图层 1 和图层 1 副本图层，然后使用工具箱中的矩形选框工具 ⬚ 选中多余部分的线条，按"Delete"键删除，效果如图 3.5.5 所示。

（5）选择菜单栏中的 编辑(E) → 变换(A) → 自由变换(F) 命令，按住"Shift"键同时将变换框旋转 45°，效果如图 3.5.6 所示。

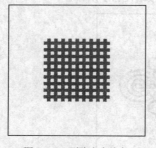
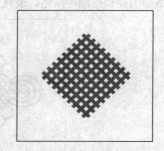

图 3.5.5　删除多余线条　　　　　　　图 3.5.6　复制并变换线条

（6）按住"Ctrl"键的同时单击图层 1，将图层 1 载入选区，在按住"Shift+Ctrl+Alt"键的同时单击图层 1 副本，得到交叉选区。

（7）隐藏图层 1 副本，将图层 1 作为当前图层，使用工具箱中的橡皮擦工具 ⟋ 间隔擦除方形选框中的内容，效果如图 3.5.7 所示。

（8）选择菜单栏中的 图像(I) → 调整(A) → 亮度/对比度(C)... 命令，在弹出的"亮度/对比度"对话框中设置亮度为"50"，效果如图 3.5.8 所示。

图 3.5.7　间隔擦除方形选框中的内容　　图 3.5.8　调整剩余方框中图像的亮度

（9）重新将图层 1 载入选区，选择菜单栏中的 选择(S) → 修改(M) → 收缩(C)... 命令，在弹出的 "收缩选区"对话框中输入"3"像素（见图 3.5.9），然后重复步骤（8）的操作将其亮度调整为"30%"。

（10）重复步骤（9）的操作，将选区收缩"3"像素，然后设置其亮度为"40%"，再继续将选区收缩"3"像素，并将其亮度调整为"50%"，效果如图 3.5.10 所示。

图 3.5.9　"收缩选区"对话框　　　　　　图 3.5.10　调整选区中的亮度

（11）显示图层 1 副本，并将图层 1 副本拖曳至图层 1 的下方，然后重复步骤（6）～（10）的操作，对图层 1 副本进行编辑，效果如图 3.5.11 所示。

（12）新建图层 2，并将其拖曳至背景图层的上方，然后使用工具箱中的椭圆选框工具 在新建图像中绘制一个椭圆选区，选择菜单栏中的 编辑(E) → 描边(S)... 命令，弹出"描边"对话框，设置其对话框参数如图 3.5.12 所示。设置好参数后，单击 确定 按钮关闭该对话框。

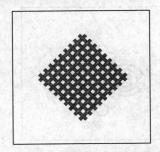

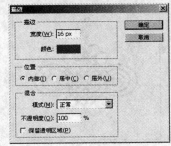

图 3.5.11　编辑图层 1 副本效果　　　　　图 3.5.12　"描边"对话框

（13）重复步骤（9）和（10）的操作，收缩并调整选区中的内容，绘制结环效果如图 3.5.13 所示。

（14）按"Ctrl+G"键，将图层 2 添加到组中，然后重复步骤（12）和（13）的操作，绘制其他结环效果，如图 3.5.14 所示。

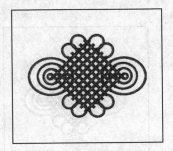

图 3.5.13　绘制结环效果　　　　　　　图 3.5.14　绘制其他结环效果

（15）分别使用工具箱中的橡皮擦工具 擦除多余的图像，并将中间边缘部分的断头处理成圆角，效果如图 3.5.15 所示。

（16）合并除背景层以外的其他图层为图层 1，然后按"Ctrl+J"键两次，复制两个图层 1 副本。

（17）分别将图层 1 的两个副本垂直移动至图层 1 图像的上方和下方，然后选择菜单栏中的 编辑(E) → 变换(A) → 自由变换(F) 命令，按"Shift+Alt"键以中心为基点调整其大小，效果如图 3.5.16 所示。

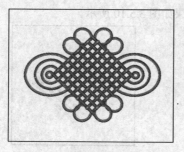 

图 3.5.15　擦除图像中的多余部分　　　　　图 3.5.16　复制并调整图像效果

（18）在背景图层上新建图层 2，按住"Shift"键，使用画笔工具绘制一条垂线，然后重复步骤（9）和（10）的操作，收缩并调整选区中的内容，并使用橡皮擦工具擦除多余的线条，效果如图 3.5.17 所示。

（19）新建图层 3，使用工具箱中的椭圆工具绘制一个小椭圆选区，然后使用渐变工具 将其填充为橘黄色到黄色的径向渐变，并垂直复制一个副本，效果如图 3.5.18 所示。

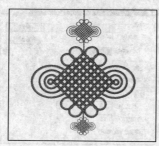 

图 3.5.17　绘制并编辑垂直线　　　　　　图 3.5.18　垂直复制图像

（20）新建图层 4，使用工具箱中的铅笔工具 绘制 2 条红色细曲线，然后使用椭圆选框工具和矩形选框工具绘制一个柱形图像，并将其填充为"F7EE00""F7A90A"到"FFF107"的线性渐变，效果如图 3.5.19 所示。

（21）新建图层 5，设置前景色为"DB261B"，使用工具箱中的画笔工具绘制多条线条，效果如图 3.5.20 所示。

图 3.5.19　绘制柱形图像效果　　　　　　图 3.5.20　绘制多条线条效果

（22）合并图层 4 和图层 5 为图层 4，按住"Alt"键复制一个图层 4 副本，并将其移至合适的位置，最终效果如图 3.5.1 所示。

本 章 小 结

本章主要介绍了图像的绘制方法，包括绘图工具的使用、历史记录画笔工具组的使用、填充工具的使用以及橡皮擦工具组的使用等内容。通过本章的学习，读者应熟练掌握各种绘图工具的使用方法与技巧，并学会在 Photoshop 中获取所需的图像颜色，从而制作出具有视觉艺术感的图像。

实 训 练 习

一、填空题

1. _____工具是 Photoshop CS5 中最基本的绘图工具，可用于创建图像内柔和的色彩线条或者黑白的线条。

2. 使用颜色替换工具时，用户可按住_____键在图像中单击确定替换的颜色，也可以在前景色色块中选择要替换的颜色。

3. 在 Photoshop CS5 中，颜色替换工具对于_____、_____或_____颜色模式的图像无效。

4. 利用_____工具可以给图像或选区填充颜色或图案。

5. 要擦除图像中的内容，可以使用的 3 种工具分别是_____、_____与_____。

6. 利用_____可以擦除图层中具有相似颜色的区域，并以透明色替代被擦除的区域。

二、选择题

1. 在 Photoshop CS5 中，使用（ ）可以绘制类似硬边手画的直线，线条比较尖锐，对位图图像特别有用。

    （A）艺术画笔工具   （B）铅笔工具
    （C）颜色替换工具   （D）画笔工具

2. 使用铅笔工具在图像中绘制图像时，按住（ ）键拖曳鼠标可绘制直线。

    （A）Shift   （B）Ctrl
    （C）Alt   （D）Shift+ Alt

3. 如果选中"铅笔工具"属性栏中的"自动抹掉"复选框，可以将铅笔工具设置成类似（ ）工具。

    （A）仿制图章   （B）魔术橡皮擦
    （C）背景橡皮擦   （D）橡皮擦

4. 在 Photoshop CS5 中，使用（ ）可以轻松地将图像转变为绘图或创建独特的艺术效果。

    （A）历史记录艺术画笔工具   （B）混合器画笔工具
    （C）污点修复画笔工具   （D）颜色替换工具

5. 如果在背景层中进行擦除，使用（ ）工具不能将背景层转换为普通图层。

    （A）普通橡皮擦   （B）魔术橡皮擦
    （C）背景橡皮擦   （D）都不能

三、简答题

1．在 Photoshop CS5 中，如何使用混合器画笔工具绘制图像？
2．如何使用吸管工具和油漆桶工具填充图像？
3．在 Photoshop CS5 中，如何使用背景橡皮擦工具擦除图像？

四、上机操作题

1．自定义一个画笔，并在图像中绘制自定义的画笔笔触效果。
2．使用本章所需的知识绘制如题图 3.1 所示的图像效果。

题图 3.1　效果图

第 4 章 修 饰 图 像

在 Photoshop CS5 中，用户除了可以使用绘图工具绘制各种图形图像外，还可以使用图像修复工具和修饰工具修复图像中的瑕疵。本章将主要介绍使用这些工具处理图像的方法与技巧。

知识要点

- ⏩ 修复与修补工具的使用
- ⏩ 修饰工具的使用

4.1 修复与修补工具的使用

Photoshop CS5 提供了 6 种修复与修补图像工具，用户利用这些工具可以有效地清除图像中的杂质、刮痕和褶皱等瑕疵。下面对其进行具体介绍。

4.1.1 修复画笔工具

使用修复画笔工具在复制或填充图案的时候，会将取样点的像素自然融入复制到的图像中，而且还可以将样本的纹理、光照、透明度和阴影与所修复的图像像素进行匹配，使被修复的图像和周围的图像完美结合。单击工具箱中的"修复画笔工具"按钮 ，其属性栏如图 4.1.1 所示。

图 4.1.1 "修复画笔工具"属性栏

单击 下拉按钮，可从弹出的预设面板中选择笔尖的大小、硬度以及角度等。

单击 模式: 右侧的 正常 下拉列表框，可从弹出的下拉列表中选择不同的混合模式。

在 源: 选项区中提供了两个选项，可用于设置修复画笔工具复制图像的来源。选中 取样 单选按钮，必须按住"Alt"键在图像中取样，然后拖曳鼠标对图像进行修复，效果如图 4.1.2 所示；选中 图案: 单选按钮，可单击 右侧的下拉按钮，从弹出的预设图案样式中选择图案对图像进行修复，效果如图 4.1.3 所示。

图 4.1.2 取样修复 图 4.1.3 图案修复

选中 对齐 复选框，会以当前取样点为基准连续取样，这样无论是否连续进行修复操作，都可以连续应用样本像素；若不选中此复选框，则每次停止和继续绘画时，都会从初始取样点开始应用样本像素。

4.1.2 修补工具

修补工具和修复画笔工具的功能相同，但使用方法完全不同，利用修补工具可以自由选取需要修复的图像范围。单击工具箱中的"修补工具"按钮 ，其属性栏如图 4.1.4 所示。

图 4.1.4 "修补工具"属性栏

选中 **源** 单选按钮，表示将创建的选区作为源图像区域，用鼠标拖动源图像区域至目标区域，目标区域的图像将覆盖源图像区域。

选中 **目标** 单选按钮，表示将创建的选区作为目标图像区域，用鼠标拖动目标区域至源图像区域，目标区域的图像将覆盖源图像区域。

使用图案：此按钮只有在创建好选区之后才可用。单击此按钮，则创建的需要修补的选区会被选定的图案完全填充。

如图 4.1.5 所示为使用修补工具修补地板的效果。

图 4.1.5 使用图案修补图像效果

4.1.3 污点修复画笔工具

使用污点修复画笔工具可以快速地移去图像中的污点和其他不理想部分，以达到令人满意的效果。单击工具箱中的"污点修复画笔工具"按钮 ，其属性栏如图 4.1.6 所示。

图 4.1.6 "污点修复画笔工具"属性栏

在 **模式:** 下拉列表中可以选择修复时的混合模式。

选中 **近似匹配** 单选按钮，将使用选区周围的像素来查找要用做修补的图像区域。

选中 **创建纹理** 单选按钮，将使用选区中的所有像素创建一个用于修复该区域的纹理。

在属性栏中设置好各选项后，在要去除的瑕疵上单击或拖曳鼠标，即可将图像中的瑕疵消除，而且被修改的区域可以无缝混合到周围图像环境中。如图 4.1.7 所示为应用污点修复画笔工具修复图像中瑕疵的效果。

图 4.1.7　利用污点修复画笔工具修复图像效果

4.1.4　仿制图章工具

仿制图章工具一般用来合成图像，它能将某部分图像或定义的图案复制到其他位置或文件中进行修补处理。单击工具箱中的"仿制图章工具"按钮，其属性栏如图 4.1.8 所示。

图 4.1.8　"仿制图章工具"属性栏

用户在其中除了可以选择画笔、不透明度和流量外，还可以设置下面两个选项。

单击 下拉按钮，可从弹出的画笔预设面板中选择图章的画笔形状及大小。

在 样本: 下拉列表中，可以选择仿制图章工具在图像中取样时将应用于所有图层。

选中 对齐 复选框，在复制图像时，不论中间停止多长时间，再按下鼠标左键复制图像时都不会间断图像的连续性；如果不选中此复选框，中途停止之后再次开始复制时，就会以再次单击的位置为中心，从最初取样点进行复制。因此，选中此复选框可以连续复制多个相同的图像。

选择仿制图章工具后，按住"Alt"键用鼠标在图像中单击，选中要复制的样本图像，然后在图像的目标位置单击并拖动鼠标即可进行复制，效果如图 4.1.9 所示。

图 4.1.9　使用仿制图章工具复制图像效果

4.1.5　图案图章工具

图案图章工具可利用预先定义的图案作为复制对象进行复制，从而将定义的图案复制到图像中。单击工具箱中的"图案图章工具"按钮，其属性栏如图 4.1.10 所示。

图 4.1.10   "图案图章工具"属性栏

在属性栏中单击 下拉按钮，可在弹出的下拉列表中选择需要的图案。

选中 印象派效果 复选框，可对图案应用印象派艺术效果，复制时图案的笔触会变得扭曲、模糊。

选择图案图章工具后，在其属性栏中设置各项参数，然后在图像中的目标位置处单击鼠标左键并来回拖曳即可，效果如图 4.1.11 所示。

图 4.1.11   使用图案图章工具描绘图像效果

4.1.6   红眼工具

使用红眼工具可消除用闪光灯拍摄的人物照片中的红眼，也可以消除用闪光灯拍摄的动物照片中的白色或绿色反光。单击工具箱中的"红眼工具"按钮 ，其属性栏如图 4.1.12 所示。

图 4.1.12   "红眼工具"属性栏

在 瞳孔大小: 文本框中可以设置瞳孔（眼睛暗色的中心）的大小。

在 变暗量: 文本框中可以设置瞳孔的暗度，百分比越大，则变暗的程度越大。

使用红眼工具消除照片中的红眼效果如图 4.1.13 所示。

图 4.1.13   使用红眼工具消除照片中的红眼

4.2   修饰工具的使用

Photoshop CS5 提供的了 6 种修饰图像工具，使用这些工具可以对图像进行模糊、清晰处理，还可以将图像的颜色或饱和度加深或减淡，下面对其进行具体介绍。

4.2.1 锐化工具

锐化工具可用来锐化软边以增加图像的清晰度,也就是增大像素颜色之间的反差。单击工具箱中的"锐化工具"按钮 △,其属性栏如图 4.2.1 所示。

图 4.2.1 "锐化工具"属性栏

：可设置画笔的形状与大小。

强度：可设置画笔的压力,压力越大,锐化色彩程度越浓。

选中 对所有图层取样 复选框,可以针对所有图层中的图像进行锐化。

如图 4.2.2 所示为使用锐化工具修饰图像的效果。

图 4.2.2 使用锐化工具修饰图像效果

4.2.2 模糊工具

利用模糊工具可以使图像像素之间的反差缩小,从而形成调和、柔化的效果。单击工具箱中的"模糊工具"按钮 ,其属性栏如图 4.2.3 所示。

图 4.2.3 "模糊工具"属性栏

在 下拉列表中可设置画笔的形状与大小;在 强度: 下拉列表中可设置画笔的压力,压力越大,色彩越浓。

使用模糊工具修饰图像的方法很简单,只需要打开需要进行模糊修饰的图像,然后单击工具箱中的"模糊工具"按钮 ,在属性栏中设置好参数,在图像中按住鼠标左键来回拖动进行涂抹即可,其效果如图 4.2.4 所示。

图 4.2.4 模糊图像效果

4.2.3 涂抹工具

使用涂抹工具 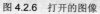可模拟手指醮着水彩绘画的效果。该工具可拾取开始涂抹时该位置的颜色，并沿鼠标拖动的方向涂抹这种颜色。涂抹工具的属性栏如图 4.2.5 所示。

图 4.2.5　"涂抹工具"属性栏

选中 ☑ 手指绘画 复选框，在图像中涂抹时用前景色与图像中的颜色混合进行涂抹。

打开需要使用涂抹工具的图像文件（见图 4.2.6）。单击工具箱中的"涂抹工具"按钮 ，在属性栏中设置 强度: 为"45"，在图像中的帆船处拖动鼠标进行多次涂抹，效果如图 4.2.7 所示。

图 4.2.6　打开的图像　　　　　图 4.2.7　使用涂抹工具后的效果

选中 ☑ 对所有图层取样 复选框，用于所有图层，可利用所有可见图层中的颜色数据来进行涂抹；若不选中此复选框，则涂抹工具只使用当前图层的颜色。

　　技巧：如果用户未选中 ☑ 手指绘画 复选框，可按住"Alt"键暂时用手绘方式进行绘画涂抹。

4.2.4 加深工具

加深工具可使图像区域的颜色变暗，以达到不同的图像效果。此工具的使用与设置和减淡工具一样。在属性栏中设置好参数后，使用加深工具 在图像中来回拖动鼠标涂抹，此时图像的颜色会变暗，效果如图 4.2.8 所示。

图 4.2.8　使用加深工具修饰图像

4.2.5 减淡工具

减淡工具用来加亮图像的区域，使图像区域的颜色发亮，以达到不同的图像效果。单击工具箱中的"减淡工具"按钮 ，其属性栏如图 4.2.9 所示。

图 4.2.9 "减淡工具"属性栏

在 范围: 下拉列表中可选择不同的色调范围，包括阴影、中间调和高光。选择 阴影 选项，可更改图像内的暗调区域；选择 中间调 选项，可更改图像内的中间色调区域；选择 高光 选项，可更改图像内的亮光区域。

在 曝光度: 输入框中输入数值，可设置处理图像时的曝光强度。

如图 4.2.10 所示为使用减淡工具修饰图像的效果。

图 4.2.10 使用减淡工具修饰图像效果

注意：在"减淡工具"属性栏的 下拉列表中包含着许多不同类型的画笔样式。选择边缘较柔和的画笔样式进行操作，可以产生曝光度变化比较缓和的效果；选择边缘较生硬的画笔样式进行操作，可以产生曝光度比较强烈的效果。

4.2.6 海绵工具

使用海绵工具可以调整图像的饱和度。在灰度模式下，通过使灰阶远离或靠近中间灰度色调来增加或降低图像的对比度。单击工具箱中的"海绵工具"按钮 ，其属性栏如图 4.2.11 所示。

图 4.2.11 "海绵工具"属性栏

该属性栏中的 模式: 下拉列表用于设置饱和度调整模式。其中 降低饱和度 模式可降低图像颜色的饱和度，使图像中的灰度色调增强； 饱和 模式可增加图像颜色的饱和度，使图像中的灰度色调减少。

如图 4.2.12 所示为降低饱和度和应用饱和模式后的效果。

原图　　　　　　　　　　降低饱和度　　　　　　　　　　饱和

图 4.2.12 使用海绵工具修饰图像效果

4.3 应用实例——绘制字画效果

本节主要利用所学的知识绘制字画，最终效果如图 4.3.1 所示。

图 4.3.1 最终效果图

操作步骤

（1）启动 Photoshop CS5 应用程序，按"Ctrl+N"键新建一个宽为"500"、高为"700"像素的空白文档。

（2）新建图层 1，单击工具箱中的"矩形选框工具"按钮，设置其属性栏参数如图 4.3.2 所示。设置好参数后，在新建图像中绘制一个矩形选区。

图 4.3.2 "矩形选框工具"属性栏

（3）设置前景色为"87A7AB"，按"Alt+Delete"键填充选区，效果如图 4.3.3 所示。

（4）新建图层 2，单击工具箱中的"图案图章工具"按钮，在其属性栏中单击下拉按钮，从弹出的下拉列表中选择如图 4.3.4 所示的图案。

（5）设置好参数后，在新建图像中拖曳鼠标进行图案填充，并在图层面板中设置图层混合模式为"叠加"，然后按"Ctrl+D"键取消选区，效果如图 4.3.5 所示。

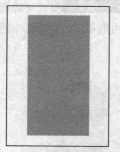
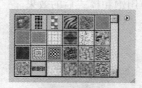
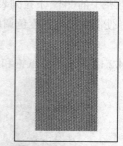

图 4.3.3 绘制并填充矩形选区　　　　图 4.3.4 选择填充图案　　　　图 4.3.5 应用图案图章工具效果

（6）选择菜单栏中的 滤镜(T) → 艺术效果 → 彩色铅笔... 命令，弹出"彩色铅笔"对话框，设置其对话框参数如图 4.3.6 所示。

（7）单击工具箱中的"模糊工具"按钮，在绘制的图案上进行涂抹，效果如图 4.3.7 所示。

（8）将图层 1 作为当前图层，使用工具箱中的减淡工具在图像中进行涂抹，减淡底纹颜色，效果如图 4.3.8 所示。

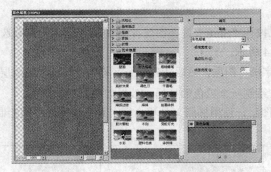

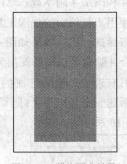

图 4.3.6 "彩色铅笔"对话框　　　　　图 4.3.7 模糊图案效果

（9）打开一幅字画图片，使用移动工具将其拖曳到新建图像中，自动生成图层 3，按 "Ctrl+T" 键调整其大小及位置，然后对其描边 "2" 个像素、颜色设置为 "黑色"，效果如图 4.3.9 所示。

（10）新建图层 4，并将其拖曳至图层 1 的下方，然后使用矩形选框工具在新建图像中绘制一个长条矩形选区。

（11）单击工具箱中的 "渐变工具" 按钮，设置其 "渐变编辑器" 对话框参数如图 4.3.10 所示。设置好参数后，单击 确定 按钮关闭该对话框。

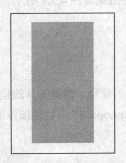

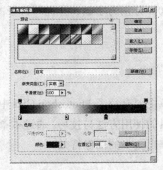

图 4.3.8 减淡底纹颜色效果　　图 4.3.9 描边图片效果　　图 4.3.10 "渐变编辑器"对话框

（12）按住 "Shift" 键，在矩形选区中从上向下拖曳鼠标填充渐变，效果如图 4.3.11 所示。

（13）新建图层 5，使用工具箱中的椭圆选框工具在新建图像中画出一个黑色的小椭圆，然后使用移动工具将其拖曳至轴杆左侧。

（14）按 "Ctrl+J" 键复制一个图层 5 副本，并将其移至轴杆的右侧，效果如图 4.3.12 所示。

（15）合并图层 4、图层 5 和图层 5 副本为图层 4，然后按 "Ctrl+J" 键复制一个图层 4 副本，并将其移至字画的顶端，效果如图 4.3.13 所示。

图 4.3.11 渐变填充效果　　图 4.3.12 绘制并填充椭圆选区　　图 4.3.13 绘制的画轴效果

（16）选中图层 4 和图层 4 副本，按"Ctrl+T"键调整画轴的长度，然后将图层 1 作为当前图层，分别将图层 4 和图层 4 副本载入选区。

（17）使用工具箱中的加深工具 按住"Shift"键在图层 4 和图层 4 副本上沿着选区的顶端和低端从左至右涂抹一次，效果如图 4.3.14 所示。

（18）合并除背景以外的图层为"字画"图层，然后新建一个名称为"挂绳"的图层，使用工具箱中的多边形套索工具 在字画的上方绘制一个黑色的挂绳，效果如图 4.3.15 所示。

（19）新建一个名称为"钉子"的图层，使用椭圆工具和画笔工具在挂绳的中间绘制一个钉子，效果如图 4.3.16 所示。

图 4.3.14　添加画轴立体感效果　　　图 4.3.15　绘制挂绳　　　图 4.3.16　绘制钉子

（20）分别为字画、挂绳和钉子图层添加"阴影"图层样式，最终效果如图 4.3.1 所示。

本 章 小 结

本章主要介绍了 Photoshop CS5 中修饰图像的方法，包括修复工具的使用、修补工具的使用以及修饰工具的使用方法与技巧。通过本章的学习，读者应熟练掌握在 Photoshop CS5 中处理图像的技巧，从而制作出更多的图像特效。

实 训 练 习

一、填空题

1. 选择仿制图章工具后，按住_____键用鼠标在图像中单击，可选中要复制的样本图像。

2. 使用_____工具可消除用闪光灯拍摄的人物照片中的红眼，也可以消除用闪光灯拍摄的动物照片中的白色或绿色反光。

3. 利用_____可以柔化图像中突出的色彩和较硬的边缘，使图像中的色彩过渡平滑，从而达到模糊图像的效果。

4. 利用_____可以对图像中的暗调进行处理，增加图像的曝光度，使图像变亮。

5. 利用_____可以用图像中其他区域或图案中的像素来修补选中的区域。

二、选择题

1. 利用（　）工具可以快速地移去图像中的污点和其他不理想部分，以达到令人满意的效果。

（A）污点修复画笔　　　　　　　　　　（B）修补

（C）修复画笔　　　　　　　　　　　　（D）仿制图章

2．利用（　）工具可以清除图像中的蒙尘、划痕及褶皱等，同时保留图像的阴影、光照和纹理等效果。

（A）污点修复画笔　　　　　　　　　　（B）修补

（C）修复画笔　　　　　　　　　　　　（D）背景橡皮擦

3．利用（　）工具可以使图像像素之间的反差缩小，从而形成调和、柔化的效果。

（A）锐化　　　　　　　　　　　　　　（B）模糊

（C）加深　　　　　　　　　　　　　　（D）海绵

4．利用（　）工具可降低图像的曝光度，使图像颜色变深，更加鲜艳。

（A）锐化　　　　　　　　　　　　　　（B）减淡

（C）涂抹　　　　　　　　　　　　　　（D）加深

三、简答题

1．在 Photoshop CS5 中，修复与修补工具包括哪些？

2．简述各种修饰工具的主要作用。

四、上机操作题

1．打开一幅发黄的老照片，利用本章所学的知识对照片进行修复和修饰。

2．使用本章所学的知识，绘制如题图 4.1 所示的水墨画效果。

题图 4.1　水墨画

第 5 章　文　字　处　理

　　文字在作品设计中是不可或缺的元素，它衬托作品使其主题突出，起到画龙点睛的作用。本章主要介绍文字的创建、属性设置以及文字的使用等。

知识要点

- ➥ 文本工具及其属性栏
- ➥ 输入文字
- ➥ 文字面板的使用
- ➥ 文字图层的操作
- ➥ 变形文字

5.1　文本工具及其属性栏

　　在图像处理过程中，用户可以通过使用工具箱中的文字工具输入需要的文字信息，还可以通过"文字工具"属性栏对创建的文字进行各种属性设置。下面对其进行具体介绍。

5.1.1　文字工具

　　在 Photoshop CS5 中，用户可使用 4 种工具来输入文字，分别为横排文字工具、直排文字工具、横排文字蒙版工具和直排文字蒙版工具，如图 5.1.1 所示。

▪ T 横排文字工具　　　T
　 ↓T 直排文字工具　　　T
　 T̈ 横排文字蒙版工具　T
　 ↓T̈ 直排文字蒙版工具　T

图 5.1.1　文字工具组

　　单击"横排文字工具"按钮 T，在图像中单击鼠标，可创建水平方向的文字，如图 5.1.2 所示。
　　单击"直排文字工具"按钮 ↓T，在图像中单击鼠标，可创建垂直方向的文字，如图 5.1.3 所示。

图 5.1.2　输入横排文字　　　　　　　　　图 5.1.3　输入直排文字

　　单击"横排文字蒙版工具"按钮 T̈，在图像中单击鼠标，可创建水平方向的文字选区，效果如

图 5.1.4 所示。

单击"直排文字蒙版工具"按钮 ，在图像中单击鼠标，可创建垂直方向的文字选区，效果如图 5.1.5 所示。

图 5.1.4 创建横排文字选区

图 5.1.5 创建直排文字选区

提示：按 "Shift+T" 键，可在以上 4 种文字工具之间进行切换。

5.1.2 文字工具属性栏

前面介绍的 4 种文字工具的属性栏内容基本相同，只有对齐方式按钮在选择横排或直排文字工具时不同。下面以"横排文字工具"属性栏为例进行介绍。

单击工具箱中的"横排文字工具"按钮 T，其属性栏如图 5.1.6 所示。

图 5.1.6 "横排文字工具"属性栏

该属性栏中各选项含义说明如下：

：单击此按钮，可以将选择的水平方向文字转换为垂直方向的文字，或将选择的垂直方向文字转换为水平方向的文字。

Arial ：在该选项的下拉列表中可选择输入文字的字体。

Regular ：在该选项的下拉列表中可选择输入文字的字型。该选项只在输入英文字母状态下才有效。它包含 Narrow（缩小）、Regular（常规）、Italic（斜体）、Bold（加粗）、Bold Italic（粗斜体）和 Black（黑体）6 个选项，如图 5.1.7 所示。

30点 ：在该选项的下拉列表中可选择输入字体的大小，也可直接在其后面的文本框中输入字体的大小数值。

浑厚 ：在该选项的下拉列表中可选择消除锯齿的方法。其中包括无、锐利、犀利、浑厚和平滑 5 个选项，如图 5.1.8 所示。

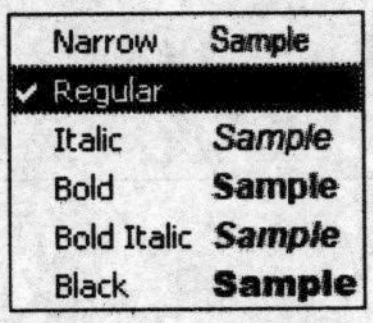

图 5.1.7 文字字型下拉列表

图 5.1.8 消除锯齿下拉列表

：该组按钮可用来设置输入文本的对齐方式。选择横排文字工具时，从左至右分别为左对齐文本、居中对齐文本和右对齐文本；选择直排文字工具时，从左至右分别为顶对齐文本、居中对齐文本和底对齐文本。

单击■图标，可在弹出的"拾色器"对话框中设置需要的字体颜色。

单击"创建变形文字"按钮 $\mathcal{I}$，可在弹出的"变形文字"对话框中设置文字的变形效果。

单击"切换字符和段落面板"按钮 ，可打开或关闭"字符"和"段落"面板，用户在其中可全面细致地设置输入的文字和段落各项属性。

另外，利用文字工具在图像中输入或修改文字时，其属性栏将变为如图 5.1.9 所示的形态。

图 5.1.9　输入或修改文字时的属性栏

在输入或修改文字后，单击属性栏中的"取消所有当前编辑"按钮 ，将会取消刚才的输入或修改操作；单击属性栏中的"提交所有当前编辑"按钮 ，将会确认刚才的输入或修改操作。

5.2　输 入 文 字

在 Photoshop CS5 中，用户可使用工具箱中的横排文字工具、直排文字工具、横排文字蒙版工具与直排文字蒙版工具输入点文字和段落文字。下面对其进行介绍。

5.2.1　创建点文字

点文字是指在图像中输入单独的文本行，如标题、名称等，这类文字一般字数少，而且不需要自动换行。要创建点文字，其具体的操作方法如下：

（1）在工具箱中单击"横排文字工具"按钮 或"直排文字工具"按钮 。

（2）在图像中需要输入文字的位置单击，此时单击处出现一个闪烁的光标。

（3）在属性栏或字符面板中设置文字的字体与大小。

（4）输入文字，在输入过程中如果需要换行，可按回车键。

（5）输入文字后，单击属性栏中的"提交所有当前编辑"按钮 ，就可以完成输入；如果单击"取消所有当前编辑"按钮 ，将取消输入操作。

完成文字创建操作后，输入的文字会作为一个新的文字图层显示在图层面板上，如图 5.2.1 所示。

图 5.2.1　创建点文字

5.2.2　输入段落文字

如果需要输入大量的文字内容，可以通过 Photoshop CS5 中提供的段落文本框进行。输入段落文字时，其文字会基于定界框的尺寸进行自动换行，也可以根据需要自由调整定界框的大小，还可以使用定界框旋转、缩放或斜切文字。

单击工具箱中的"横排文字工具"按钮 T 或"直排文字工具"按钮 T，在图像窗口中拖动鼠标左键可出现一个段落文本框，当显示出闪烁的光标时输入文字，即可得到段落文字，效果如图 5.2.2 所示。

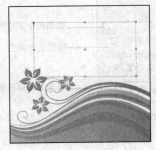 

图 5.2.2　输入段落文字效果

与点文字相比，段落文字可设置更多种对齐方式，还可以通过调整矩形框使文字倾斜排列或使文字大小变化等。移动鼠标到段落文本框的控制点上，当光标变成"↙"形状时，拖动鼠标可以很方便地调整段落文本框的大小，效果如图 5.2.3 所示。当光标变成"↕"形状时，可以对段落文本框进行旋转，如图 5.2.4 所示。

图 5.2.3　调整文本框的大小　　　　图 5.2.4　旋转文本框

技巧：将鼠标移至定界框内，按住"Ctrl"键的同时使用鼠标拖动定界框，可移动该定界框的位置。

5.3　文字面板的使用

在 Photoshop CS5 中输入文字后，用户可以根据需要对文字内容进行增加或删除，也可以通过相关工具移动其位置，还可以通过提供的字符面板和段落面板，调整文字的属性及段落的对齐方式等内容。下面具体介绍字符面板和段落面板的应用技巧。

5.3.1　字符面板

选择菜单栏中的 窗口(W) → 字符 命令，打开如图 5.3.1 所示的字符面板，在此面板中可以设置文字的各种属性。

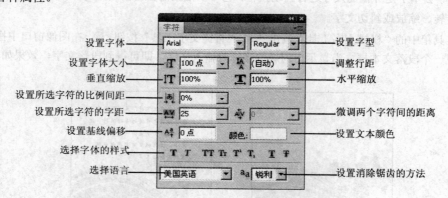

图 5.3.1　字符面板

字符面板中各选项含义如下：

（1）**T**：单击其右侧的下拉按钮■，可在弹出的下拉列表中选择系统预设的文字大小，也可以在其文本框中输入数值确定文字的大小。

（2）**IA/A**：单击其右侧的下拉按钮■，可在弹出的下拉列表中选择系统预设的行间距，也可以在其文本框中输入数值确定文本行之间的间距。

（3）**IT**：可在其文本框中输入数值，设置字符的垂直缩放比例。

（4）**T**：可在其文本框中输入数值，设置字符的水平缩放比例。

（5）**啊**：单击其右侧的下拉按钮■，可在弹出的下拉列表中选择系统预设的字符比例间距，也可以在其文本框中输入数值，确定被选中字符的间距比例。

（6）**AV**：单击其右侧的下拉按钮■，可在弹出的下拉列表中选择系统预设的字距，也可以在其文本框中输入数值，确定被选中字符之间的字距。

（7）**AV**：单击其右侧的下拉按钮■，可在弹出的下拉列表中选择系统预设的字距微调，也可以在其文本框中输入数值，确定字符的微调字距。

（8）**Aₐ**：可在其文本框中输入数值，设置文字上下偏移的程度。

（9）**颜色：**：单击其右侧的色块，可在弹出的"拾色器"对话框中选择文字的颜色。

（10）**T T TT Tr T¹ T, T F**：该选项区用于设置字符的仿黑体、仿斜体等效果。

1) **T**：单击该按钮，可以将字符设置为黑体。

2) **T**：单击该按钮，可以将字符设置为斜体。

3) **TT**：单击该按钮，可以将英文字符中的小写字母设置为大写字母。

4) **Tr**：单击该按钮，可以将英文字符中的大写字母设置为小写字母。

5) **T¹**：单击该按钮，可以将字符设置为上标。

6) **T,**：单击该按钮，可以将字符设置为下标。

7) **T**：单击该按钮，可以在字符下方添加下画线效果。

8) **F**：单击该按钮，可以在字符上添加删除线效果。

（11）**aa**：单击其右侧的下拉按钮■，可在弹出的下拉列表中选择消除锯齿的方法。

如果想隐藏字符面板，再次选择菜单栏中的 窗口(W) → 字符 命令即可。

使用文字工具在图像中输入文字后，可以根据需要，使用字符面板对字符进行属性设置，效果如图 5.3.2 所示。

字符的不同字体和字号　　　　　　　设置不同的字符颜色

字符的垂直和水平缩放　　　　　　　增大和减小字符间距

设置不同的基线偏移　　　　　　　　设置不同的字符样式

图 5.3.2　使用字符面板创建的各种文字效果

5.3.2　段落面板

在段落面板中，可以设置图像中段落文本的对齐方式。对于一个简单的文本内容，用户可以通过鼠标或图层的移动来改变文本的位置，以符合图像的对齐方式。但是如果用户在图像中添加大量的文字信息后，再通过移动方法来改变文本的对齐方式则很麻烦，这时使用段落面板将大大提高用户对文字位置调整的效率。

要设置段落面板，可选择菜单栏中的 窗口(W) → 段落 命令，或单击"文字工具"属性栏中的"切换字符和段落面板"按钮 ，可打开段落面板，如图 5.3.3 所示。

图 5.3.3　段落面板

+|言 0点：在该文本框中输入数值，可以调整文本相对于文本输入框左边的距离。

言|+ 0点：在该文本框中输入数值，可以调整文本相对于文本输入框右边的距离。

+言 0点：在该文本框中输入数值，可以调整段落中第一行文本相对于文本输入框左边的距离。

言 0点：在该文本框中输入数值，可以设置当前段落与前一个段落之间的距离。

言 0点：在该文本框中输入数值，可以设置当前段落与后一个段落之间的距离。

选中 **☑连字** 复选框，在输入英文过程中换行时可以使用连字符连接单词。

使用文字工具在图像中输入段落文字后，可以根据需要使用段落面板对段落文本进行设置，效果如图 5.3.4 所示。

左对齐 居中对齐 右对齐

图 5.3.4 对齐文本效果

5.4 文字图层的操作

在 Photoshop CS5 中输入文字后，在图层面板中会自动产生一个文字图层，用户可对文字图层进行栅格化、将文字转换为路径、将文字转换为形状、在路径上创建文字等操作，下面分别进行具体的介绍。

5.4.1 点文字与段落文字的转换

在 Photoshop CS5 中可以将点文字转换为段落文字，或将段落文字转换为点文字。将段落文字转换为点文字时，每个文字行的末尾都会添加一个回车符。

如果要在点文字与段落文字之间进行转换，其具体的操作方法如下：

（1）在图层面板中选择要转换的点文字图层，然后选择菜单栏中的 **图层(L)** → **文字** → **转换为段落文本(P)** 命令，可将点文字转换为段落文字，如图 5.4.1 所示。

图 5.4.1 转换点文字为段落文字

（2）此时，<kbd>转换为段落文本(P)</kbd> 命令变为 <kbd>转换为点文本(P)</kbd> 命令，选择 <kbd>转换为点文本(P)</kbd> 命令，可将段落文字转换为点文字。

5.4.2　将文字转换为路径

在图层面板中选择要转换的文字图层，选择菜单栏中的 <kbd>图层(L)</kbd> → <kbd>文字</kbd> → <kbd>创建工作路径(C)</kbd> 命令，系统会自动根据选中文字的轮廓创建一个工作路径，此时即可对转换后的路径进行各种编辑操作，如图 5.4.2 所示。

图 5.4.2　将文字转换为路径效果

5.4.3　将文字转换为形状

除了可以将文字转换为路径之外，还可以将文字转换为形状。在图层面板中选择需要转换的文字图层，选择菜单栏中的 <kbd>图层(L)</kbd> → <kbd>文字</kbd> → <kbd>转换为形状(A)</kbd> 命令，即可将选中的文字转换为形状，并将原图层中文字的轮廓作为新图层上的剪贴路径，此时可对转换后的形状进行各种编辑操作，如图 5.4.3 所示。

图 5.4.3　将文字转换为形状效果

5.4.4　创建路径文字

在 Photoshop CS5 中创建文本时，还可以沿钢笔工具或形状工具创建的工作路径输入文字。具体操作方法如下：

（1）单击工具箱中的"钢笔工具"按钮 ，在图像中创建需要的路径，如图 5.4.4 所示。

（2）单击工具箱中的"文字工具"按钮 T ，将鼠标指针移动到路径的起始锚点处，单击插入光标，然后输入需要的文字，效果如图 5.4.5 所示。

图 5.4.4　创建的路径

图 5.4.5　输入路径文字

（3）若要调整文字在路径上的位置，可单击工具箱中的"路径选择工具"按钮，将鼠标指针指向文字，当指针变为"　"或"　"形状时拖曳鼠标，即可改变文字在路径上的位置，如图 5.4.6 所示。

（4）还可以对创建好的路径形状进行修改，路径上的文字将会一起被修改，效果如图 5.4.7 所示。

图 5.4.6　调整文字在路径上的位置

图 5.4.7　修改路径形状效果

提示：用户还可以利用形状工具在图像中创建不同形状的路径来排列文字，文字既可以在开放路径中排列，也可以在封闭的路径中排列。

5.4.5　栅格化文字图层

栅格化文字图层就是将文字图层转换为普通图层，再对其进行各种不同的处理。栅格化文字图层的常用方法有以下两种：

（1）选择要进行栅格化的文字图层，选择菜单栏中的 图层(L) → 栅格化(Z) → 文字(T) 命令，即可将文字图层转换为普通图层，如图 5.4.8 所示。

图 5.4.8　栅格化文字图层

（2）在需要进行栅格化的文字图层上单击鼠标右键，在弹出的快捷菜单中选择 栅格化文字 命令，即可将文字图层转换为普通图层。

5.5 变 形 文 字

在 Photoshop CS5 中还有一种非常方便的功能，即变换与变形文字功能。使用此功能可以使所创建的点文字与段落文字产生各种各样的变形效果，也可对输入的文字进行弯曲变形。

5.5.1 变换文字

在输入文字后，可以将文本进行放大或缩小。具体的操作方法如下：

（1）使用横排文字工具在图像中输入点文字或段落文字。

（2）选中文本图层，然后选择菜单栏中的 编辑(E) → 变换 命令，弹出其子菜单，选择其中相应的命令可以对文字进行缩放、旋转以及翻转等操作，如图 5.5.1 所示。

图 5.5.1 变换文字

5.5.2 变形文字

单击"文字工具"属性栏中的"创建文字变形"按钮 ，弹出"变形文字"对话框，如图 5.5.2 所示。在该对话框中单击 样式(S): 下拉列表框右侧的 按钮，将弹出如图 5.5.3 所示的下拉列表，可从中选择所需的文字变形样式。

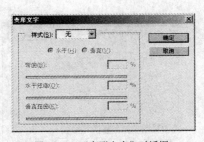 

图 5.5.2 "变形文字"对话框   图 5.5.3 样式下拉列表

选择一种样式后，"变形文字"对话框中将会显示出该样式的相关参数。通过 ⊙ 水平(H) 与 ⊙ 垂直(V) 单选按钮可确认文字变形的方向，在 弯曲(B): 、 水平扭曲(O): 与 垂直扭曲(E): 输入框中输入数值或拖动其下的滑块，可调整文字的弯曲度。

设置好参数后，单击 确定 按钮，文字变形后的效果如图 5.5.4 所示。

图 5.5.4　文字变形前后效果对比

提示： 如果对某一种变形效果不满意，可选择变形的文字图层，然后在"变形文字"对话框中的 样式(S): 下拉列表中选择"无"选项，即可恢复文本的原始状态。

5.6　应用实例——制作春联效果

本节主要利用所学的知识制作春联效果，最终效果如图 5.6.1 所示。

图 5.6.1　最终效果图

操作步骤

（1）按"Ctrl+N"键，新建一个宽度为"10"厘米、高度为"3"厘米的空白文档。

（2）选择菜单栏中的 滤镜(T) → 杂色 → 添加杂色... 命令，弹出"添加杂色"对话框，设置其对话框参数如图 5.6.2 所示。设置好参数后，单击 确定 按钮，关闭该对话框。

（3）选择菜单栏中的 滤镜(T) → 像素化 → 点状化... 命令，弹出"点状化"对话框，设置其对话框参数如图 5.6.3 所示。

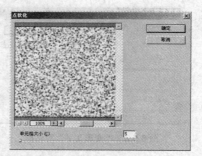

图 5.6.2　"添加杂色"对话框　　　　图 5.6.3　"点状化"对话框

（4）设置好参数后，单击 确定 按钮，应用添加杂色和点状化滤镜效果如图 5.6.4 所示。

图 5.6.4 应用添加杂色和点状化滤镜效果

（5）单击工具箱中的"魔棒工具"按钮 ，设置其属性栏参数如图 5.6.5 所示。

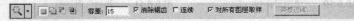

图 5.6.5 "魔棒工具"属性栏

（6）设置好参数后，在新建图像中的任意位置单击鼠标左键，创建如图 5.6.6 所示的点状化选区。

（7）单击图层面板下方的"新建图层"按钮，新建图层 1。

（8）设置前景色为"ffff00"、背景色为"ff0000"，然后按"Alt+Delete"键填充选区。

（9）按"Ctrl+Shift+I"键反选选区，然后按"Ctrl+Delete"键以背景色填充选区，再按"Ctrl+D"键取消选区，效果如图 5.6.7 所示。

图 5.6.6 使用魔棒工具创建选区　　　　　图 5.6.7 前景色和背景色填充

（10）选择菜单栏中的 窗口(W) → 字符 命令，打开字符面板，设置其面板参数如图 5.6.8 所示。设置好参数后，使用工具箱中的横排文字工具 T 在新建图像中输入文字。

（11）按住"Shift"键，使用移动工具选中文字图层和图层 1，然后单击属性栏中的"垂直居中对齐"按钮 和"水平居中对齐"按钮 ，将输入的文字居中与图像窗口的中心，效果如图 5.6.9 所示。

图 5.6.8 设置字符面板　　　　　　图 5.6.9 输入文字效果

（12）确认文字图层为当前图层，选择菜单栏中的 图层(L) → 栅格化(Z) → 文字(T) 命令，将文字图层转换为普通图层，如图 5.6.10 所示。

（13）选择菜单栏中的 编辑(E) → 描边(S)... 命令，弹出"描边"对话框，设置其对话框参数如图 5.6.11 所示。

（14）设置好参数后，单击 确定 按钮，最终效果如图 5.6.1 所示。

图 5.6.10　普通图层面板　　　图 5.6.11　"描边"对话框

本 章 小 结

本章主要介绍 Photoshop CS5 中文字处理的方法与技巧。通过本章的学习，读者应熟练使用各种文本工具输入文字，并且能够对文字图层进行各种编辑操作，以制作出多种特效文字。

实 训 练 习

一、填空题

1．文字工具包括＿＿＿＿＿＿、＿＿＿＿＿＿、＿＿＿＿＿＿和＿＿＿＿＿＿4 种。

2．在 Photoshop CS5 中，可以通过＿＿＿＿＿＿和＿＿＿＿＿＿来设置字符格式和段落格式。

3．在 Photoshop CS5 中，文字的排列方式有＿＿＿＿＿＿和＿＿＿＿＿＿两种。

4．＿＿＿＿＿＿文字通常适用于在图像中添加数量较多的文字。

5．在 Photoshop CS5 中，栅格化文字图层就是将＿＿＿＿＿＿图层转换为＿＿＿＿＿＿图层，再对其进行各种不同的处理。

二、选择题

1．在字符面板中单击（　　）按钮，可将文字加粗。

　（A）![T]　　　　　　　　　　　　　　（B）![T']

　（C）![T]　　　　　　　　　　　　　　（D）![T]

2．在段落面板中将整个段落文字左对齐，可以使用（　　）按钮。

　（A）![左对齐]　　　　　　　　　　　　（B）![右对齐]

　（C）![居中]　　　　　　　　　　　　　（D）![两端对齐]

3．在 Photoshop CS5 中，要为文字四周添加变形框，可以按（　　）键。

　（A）Ctrl+Alt+T　　　　　　　　　　　（B）Ctrl+T

　（C）Alt+T　　　　　　　　　　　　　（D）Shift+T

4．按住（　　）键的同时，单击文字图层前的缩览图，即可将文字图层转换为选区。

　（A）Ctrl　　　　　　　　　　　　　　（B）Shift

　（C）Ctrl+T　　　　　　　　　　　　　（D）Alt

5. 按（　　）键可在 4 个文字工具之间相互进行切换。

（A）Ctrl+I　　　　　　　　　　　　　　（B）Shift+I

（C）Ctrl+J　　　　　　　　　　　　　　（D）Shift+T

6. 在 Photoshop CS3 中提供了（　　　）种变形文字样式。

（A）13　　　　　　　　　　　　　　　　（B）14

（C）15　　　　　　　　　　　　　　　　（D）16

三、简答题

1. 简述字符面板和段落面板的作用。

2. 在 Photoshop CS5 中，将文本转换为普通图层的方法有哪几种？

四、上机操作题

利用本章所学的知识，制作如题图 5.1 所示的图像效果。

题图 5.1　效果图

第 6 章　图像色彩调整与颜色转换

Photoshop CS5 提供了功能强大的色彩与色调调整命令，利用这些命令可以很方便地对图像进行修改和编辑，还可以校正照片中常出现的曝光和光线不足等问题。

知识要点

- ➡ 调整图像色彩与色调
- ➡ 特殊颜色处理
- ➡ 颜色模式的转换

6.1　调整图像色彩与色调

应用图像的色彩和色调调整命令，可调整图像的明暗程度，还可以制作出多种色彩效果。Photoshop CS5 提供了许多色彩和色调调整命令，它们都包含在 图像(I) → 调整(A) 子菜单中，用户可以根据自己的需要来选择合适的命令。本节将使用如图 6.1.1 所示的图像为例来进行调整。

图 6.1.1　打开的示例图像文件

6.1.1　亮度/对比度

亮度/对比度命令可以调整图像的亮度与对比度。虽然亮度与对比度可以使用色阶与曲线命令调整，但这两个命令使用比较复杂，而使用亮度/对比度命令可以更加方便、直观地完成亮度与对比度的调整。

选择菜单栏中的 图像(I) → 调整(A) → 亮度/对比度(C)... 命令，可弹出"亮度/对比度"对话框，如图 6.1.2 所示。

在 亮度: 输入框中输入数值或拖动相应的滑块，可调整图像的亮度。

在 对比度: 输入框中输入数值或拖动相应的滑块，可调整图像的对比度。

如果亮度与对比度的值为负值，图像亮度和对比度就会下降；如果值为正值，图像亮度与对比度就会增加；如果值为 0，图像就不会发生变化。

如图 6.1.3 所示为应用亮度/对比度命令调整图像后的效果。

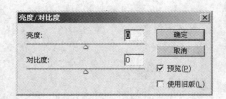

图 6.1.2　"亮度/对比度"对话框　　　　图 6.1.3　应用亮度/对比度命令调整图像后的效果

6.1.2　色彩平衡

色彩平衡命令能粗略地进行图像的色彩校正，简单地调整图像暗调区、中间调区和高光区的各色彩成分，使混合色彩达到平衡效果。

选择菜单栏中的 图像(I) → 调整(A) → 色彩平衡(B)... 命令，弹出"色彩平衡"对话框，如图 6.1.4 所示。

在 色阶(L): 右侧的 3 个输入框中输入数值或拖动下方相应的滑块，可依次调整暗调、中间调和高光，其数值范围在-100～100 之间。滑杆上的滑块越向左端，图像中的颜色越接近 CMYK 的颜色；越向右端，图像中的颜色越接近于 RGB 色彩。

在 色彩平衡 选项区中有 3 个单选按钮，即 ⊙ 阴影(S)、⊙ 中间调(D) 与 ⊙ 高光(H)。选中其中一个单选按钮，则色调平衡命令将会调整对应图像的色调。

选中 ☑ 保持明度(V) 复选框，可以保持图像的整体亮度不变。

如图 6.1.5 所示为应用色彩平衡命令调整图像后的效果。

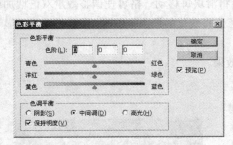

图 6.1.4　"色彩平衡"对话框　　　　图 6.1.5　应用色彩平衡命令调整图像后的效果

6.1.3　反相

反相命令能将图像进行反转，即转化图像为负片，或将负片转化为图像。

选择菜单栏中的 图像(I) → 调整(A) → 反相(I) 命令，或按"Ctrl+I"键，通道中每个像素的亮度值会被直接转换为当前图像中颜色的相反值，即白色变为黑色。

如图 6.1.6 所示为应用反相命令调整图像后的效果。

📢 提示：在实际的图像处理过程中，可以使用反相命令创建边缘蒙版，以便向图像中选定的区域应用锐化滤镜或进行其他调整。

图 6.1.6　应用反相命令调整图像后的效果

6.1.4　变化

变化命令可以通过显示图像的缩略图来调整图像的色彩平衡、对比度与饱和度。此命令可用于不需要精确调整色彩的图像。

打开一幅图像，选择菜单栏中的 图像(I) → 调整(A) → 变化(N)... 命令，弹出"变化"对话框，如图 6.1.7 所示。

在该对话框中，左上角有两个缩略图窗口，一个是原图，它显示原图像的效果；一个是当前挑选，用于显示当前调整图像的整体效果。左侧还有 7 个缩略图窗口，其中一个是当前挑选，它显示了当前调整图像的颜色，单击其他相应颜色的缩略图可更改图像的颜色。右侧有 3 个缩略图，其中一个是当前挑选，它显示了当前调整的图像明暗度，单击其他相应的缩略图窗口可更改图像的明度和暗度。

选中 阴影(A) 、 中间色调(M) 和 高光(I) 3 个单选按钮可分别调整图像的暗调、中间调和高光的区域。

选中 饱和度(T) 单选按钮，可调整图像的饱和度。

精细　粗糙 ：用于设置拖动滑块每次调整的数量。将滑块每移动一格可使调整数量双倍增加或减小。

选中 显示修剪(C) 复选框，当图像的色彩超出了色彩变化的最大范围时，图像将以反相显示颜色，以提醒用户采取相应措施。

如图 6.1.8 所示为应用变化命令调整图像后的效果。

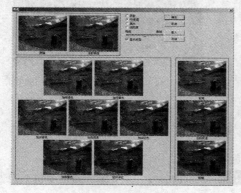

图 6.1.7　"变化"对话框

图 6.1.8　应用变化命令调整图像后的效果

6.1.5　色调均化

色调均化命令可以调整图像中像素的亮度值，以使其更均匀地呈现所有范围的亮度级。选择菜单

栏中的 图像(I) → 调整(A) → 色调均化(Q) 命令，系统将自动对整幅图像的色调进行色调均化处理，如图 6.1.9 所示。

　　若要对图像的某一部分进行调整，可先创建某区域的选区，然后使用"色调均化"命令会弹出"色调均化"对话框，如图 6.1.10 所示。

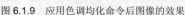
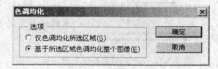

图 6.1.9　应用色调均化命令后图像的效果　　　　图 6.1.10　"色调均化"对话框

　　选中 仅色调均化所选区域(S) 单选按钮，对图像进行处理时，仅对选区内的图像起作用。

　　选中 基于所选区域色调均化整个图像(E) 单选按钮，将以选区内图像的最亮和最暗像素为基准使整幅图像色调平均化。

　　单击 确定 按钮，即可对选区中的图像进行色调均化处理，效果如图 6.1.11 所示。

图 6.1.11　仅对所选区域进行色调均化

6.1.6　色相/饱和度

　　对色相的调整表现为在色轮中旋转，也就是颜色的变化；对饱和度的调整表现为在色轮半径上移动，也就是颜色浓淡的变化。

　　选择菜单栏中的 图像(I) → 调整(A) → 色相/饱和度(H)... 命令，弹出"色相/饱和度"对话框，如图 6.1.12 所示。在该对话框中可以调整图像的色相、饱和度和明度。

　　调整时，先在 预设(E) 下拉列表中选择调整的颜色范围。如果选择 全图 选项，则可一次调整所有颜色；如果选择其他范围的选项，则针对单个颜色进行调整。

　　确定好调整范围后，便可对 色相(H)：、饱和度(A)：和 明度(I)：的数值进行调整，这些图像的色彩会随数值的调整而变化。

　　色相(H)：后面的文本框中显示的数值反映颜色轮中从像素原来的颜色旋转的度数，正值表示顺时针旋转，负值表示逆时针旋转。其取值范围在-180～180 之间。

　　饱和度(A)：此选项可调整图像颜色的饱和度，数值越大，饱和度越高。其取值范围在-100～100 之间。

明度(I)：数值越大明度越高。其取值范围在-100～100之间。

选中 ☑ 着色(O) 复选框，可为灰度图像上色，或创建单色调图像效果。

如图 6.1.13 所示为应用色相/饱和度命令调整图像后的效果。

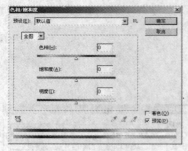

图 6.1.12 "色相/饱和度"对话框   图 6.1.13 应用色相/饱和度命令后图像的效果

6.1.7 渐变映射

使用渐变映射命令可以将图像中的最暗色调对应为某一渐变色的最暗色调，将图像中的最亮色调对应为某一渐变色的最亮色调，从而将整个图像的色阶映射为渐变的所有色阶。调整图像时，系统会先将图像转换为灰度，然后再用指定的渐变色替换图像中的灰度，从而达到改变颜色的目的。

选择菜单栏中的 图像(I) → 调整(A) → 渐变映射(G)... 命令，弹出"渐变映射"对话框，如图 6.1.14 所示。

在 灰度映射所用的渐变 选项区中单击渐变颜色条右侧的三角按钮，在打开的选项中可以选择系统预设的渐变类型作为映射的渐变色；也可单击渐变颜色条，弹出"渐变编辑器"对话框，在其中设置自己喜欢的渐变颜色。

选中 ☑ 仿色(D) 复选框，可以使图像产生抖动的效果。

选中 ☑ 反向(R) 复选框，可以使图像中各像素的颜色变成与其对应的补色。

如图 6.1.15 所示为应用渐变映射命令调整图像后的效果。

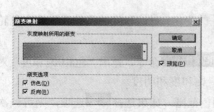

图 6.1.14 "渐变映射"对话框   图 6.1.15 应用渐变映射命令后图像的效果

6.1.8 色阶

利用色阶命令可以调整图像的色彩明暗程度及色彩的反差效果。

选择菜单栏中的 图像(I) → 调整(A) → 色阶(L)... 命令，弹出"色阶"对话框，如图 6.1.16 所示。

在 通道(C)：下拉列表中可选择需要调整的图像通道；输入色阶(I)：选项用于设置图像中选定区域的

最亮和最暗的色彩；^{输出色阶(Q):} 选项用于设置图像的亮度范围；![按钮]按钮组中包含了 3 个吸管工具，从左到右分别为设置黑色吸管工具、设置灰色吸管工具、设置白色吸管工具，选择其中的任意一个工具在图像中单击，在图像中与单击点处相同的颜色都会随之改变。

如图 6.1.17 所示为应用色阶命令调整图像后的效果。

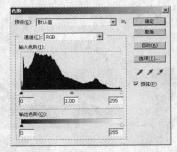 

图 6.1.16 "色阶"对话框   图 6.1.17 应用色阶命令调整图像后的效果

6.1.9 阴影/高光

阴影/高光命令适用于校正由强逆光而形成剪影的照片，或者校正由于太接近相机闪光灯而有些发白的焦点。

选择菜单栏中的 图像(I) → 调整(A) → 阴影/高光(W)... 命令，弹出"阴影/高光"对话框，如图 6.1.18 所示。

在 阴影 选项区中可设置暗部在图像中所占的数量多少，数值越大，图像越亮。

在 高光 选项区中可设置亮部在图像中所占的数量多少，数值越大，图像就越暗。

选中 ☑ 显示更多选项(O) 复选框，可显示"阴影/高光"对话框的详细内容，在此对话框中可以进行更精确的调整。

如图 6.1.19 所示为应用阴影/高光命令调整图像后的效果。

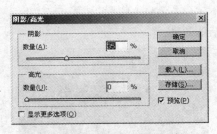 

图 6.1.18 "阴影/高光"对话框   图 6.1.19 应用阴影/高光命令后图像的效果

6.1.10 曝光度

使用曝光度命令可以调整 HDR 图像的色调，也可以用于调整 8 位和 16 位图像，可以对曝光不足或曝光过度的图像进行调整。

选择菜单栏中的 图像(I) → 调整(A) → 曝光度(E)... 命令，弹出"曝光度"对话框，如图 6.1.20 所示。

在 **曝光度(E):** 选项中输入数值或拖曳滑块，可调整色调范围的高光端，对极限阴影的影响很小。

在 **位移(O):** 选项中输入数值或拖曳滑块，可使图像中阴影和中间调变暗。

在 **灰度系数校正(G):** 选项中输入数值或拖曳滑块，可以使用简单的乘方函数调整图像灰度系数。负值会被视为相应的正值（这些值仍然保持为负，但仍然会被调整，就像它们是正值一样）。

按钮组用于调整图像的亮度值，从左至右分为"设置黑场"吸管工具、"设置灰场"吸管工具、"设置白场"吸管工具。

如图 6.1.21 所示为应用曝光度命令调整图像后的效果。

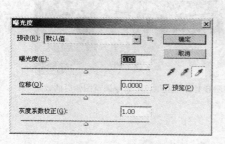

图 6.1.20 "曝光度"对话框   图 6.1.21 应用曝光度命令后图像的效果

6.1.11 照片滤镜

利用照片滤镜命令调整图像产生的效果，类似于真实拍摄照片时使用颜色滤镜所产生的效果。

选择菜单栏中的 图像(I) → 调整(A) → 照片滤镜(F)... 命令，弹出"照片滤镜"对话框，如图 6.1.22 所示。

在 **使用** 选项区中有两个选项，选中 **滤镜(F):** 单选按钮，可在其后面的下拉列表中选择多种预设的滤镜效果；选中 **颜色(C):** 单选按钮，可自定义颜色滤镜。

在 **浓度(D):** 文本框中输入数值或拖动相应的滑块，可调整着色的强度。其取值范围为 1%～100%，数值越大，滤色效果越强。

选中 **保留亮度(L)** 复选框，可以保持图像亮度。

如图 6.1.23 所示为应用照片滤镜命令调整图像后的效果。

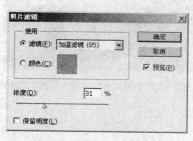

图 6.1.22 "照片滤镜"对话框   图 6.1.23 应用照片滤镜命令调整图像后的效果

6.1.12 可选颜色校正

可选颜色校正是高端扫描仪和分色程序使用的一种技术，用于在图像中的每个主要原色成分中更改印刷色数量，用户可以有选择地修改任何主要颜色中的印刷色数量而不会影响其他主要颜色，该命令使用 CMYK 颜色来校正图像。

选择菜单栏中的 图像(I) → 调整(A) → 可选颜色(S)... 命令，弹出"可选颜色"对话框，如图 6.1.24 所示。

在 颜色(O): 选项区中可以设置需要调整的颜色，单击其右侧的下拉按钮 ，弹出颜色下拉列表，其中包括红色、黄色、绿色、青色、蓝色、洋红、白色、中性色和黑色。

分别在 青色(C): 、洋红(M): 、黄色(Y): 和 黑色(B): 右侧的文本框中输入数值或拖动其下方的滑块，可以增加或减少所选颜色中的像素。

方法: ：该选项用于设置图像中颜色的调整是相对于原图像调整，还是使用调整后的颜色覆盖原图。选中 相对(R) 单选按钮表示按照总量的百分比更换现有的青色、洋红、黄色或黑色的量；选中 绝对(A) 单选按钮表示采用绝对值调整颜色。

如图 6.1.25 所示为应用可选颜色命令调整图像后的效果。

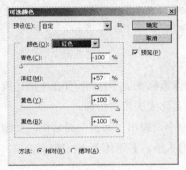

图 6.1.24　"可选颜色"对话框

图 6.1.25　应用可选颜色命令后图像的效果

6.1.13　曲线命令

使用曲线命令可以调整图像的整个色调范围，它可以调整 0～255 色阶范围内的任意点，而且控制点数目最多能增加到 14 个。

选择菜单栏中的 图像(I) → 调整(A) → 曲线(U)... 命令，弹出"曲线"对话框，如图 6.1.26 所示。

"曲线"对话框中的曲线默认为"直线"状态，在"曲线"对话框的默认状态下，移动曲线顶部的点可调整高光；移动曲线中间的点可调整中间调；移动曲线底部的点可调整暗调。

如图 6.1.27 所示为应用曲线命令调整图像后的效果。

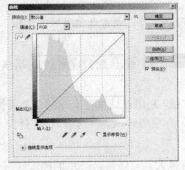

图 6.1.26　"曲线"对话框

图 6.1.27　应用曲线命令调整图像后的效果

6.2　特殊颜色处理

在 Photoshop CS5 中，使用特殊颜色处理功能可以使图像产生特殊的效果，包括阈值、替换颜色、色调分离、匹配颜色以及 HDR 色调等命令。本节将以如图 6.2.1 所示的图像为例来进行调整。

图 6.2.1　打开的示例图像文件

6.2.1　阈值

利用阈值命令可以将图像中所有亮度值比阈值小的像素都变成黑色，所有亮度值比阈值大的像素都变成白色，从而将一幅灰度图像或彩色图像转变为高对比度的黑白图像。

选择菜单栏中的 图像(I) → 调整(A) → 阈值(T)... 命令，弹出"阈值"对话框，如图 6.2.2 所示。在 阈值色阶(T): 文本框中输入数值，可改变阈值色阶的大小，其范围为 1～255。

如图 6.2.3 所示为应用阈值命令调整图像后的效果。

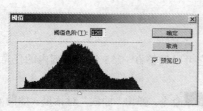

图 6.2.2　"阈值"对话框

图 6.2.3　应用阈值命令后图像的效果

6.2.2　替换颜色

替换颜色命令可以创建蒙版，以选择图像中的特定颜色，可以设置选定区域的色相、饱和度和亮度，或者使用拾色器来选择替换颜色。

选择菜单栏中的 图像(I) → 调整(A) → 替换颜色(R)... 命令，弹出"替换颜色"对话框，如图 6.2.4 所示。

调整图像时，先选中预览框下方的 ● 选区(C) 单选按钮，利用对话框左上方的 3 个吸管单击图像，可得到蒙版所表现的选区：蒙版区域（非选区）为黑色，非蒙版区域为（选区）为白色，灰色区域为不同程度的选区。

"选区"选项的用法：先设置 颜色容差(E): 值，数值越大，可被替换颜色的图像区域越大，然后使用对话框中的吸管工具在图像中选择需要替换的颜色。用吸管工具 🖊 连续取色表示增加选择区域，

用吸管工具 ✐ 连续取色表示减少选择区域。

　　设置好需要替换的颜色区域后，将 **替换** 选项区中 **色相(H):**、**饱和度(A):**、**明度(G):** 数值进行替换。

　　如图 6.2.5 所示为应用替换颜色命令调整图像后的效果。

图 6.2.4　"替换颜色"对话框　　　　　图 6.2.5　应用替换颜色命令后图像的效果

6.2.3　色调分离

　　使用色调分离命令，可以设置图像中每个通道亮度值的数目，然后将像素映射为最接近的匹配颜色。该命令对图像的调整效果与阈值命令相似，但比阈值命令调整的图像色彩更丰富。

　　选择菜单栏中的 **图像(I)** → **调整(A)** → **色调分离(P)...** 命令，弹出"色调分离"对话框，如图 6.2.6 所示。

　　在 **色阶(L):** 文本框中输入数值可设置图像的色调变化，其值越小，色调变化越明显。

　　如图 6.2.7 所示为应用色调分离命令调整图像后的效果。

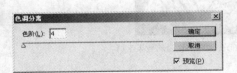

图 6.2.6　"色调分离"对话框　　　　　图 6.2.7　应用色调分离命令调整图像后的效果

6.2.4　HDR 色调

　　Photoshop CS5 新增的 HDR 色调命令，可用来修补太亮或太暗的图像，制作出高动态范围的图像效果。

　　选择菜单栏中的 **图像(I)** → **调整(A)** → **HDR 色调...** 命令，弹出"HDR 色调"对话框，如图 6.2.8 所示。

　　在 **边缘光** 选项区中可以调整图像色调的半径和强度；在 **色调和细节** 选项区中通过调整各选项参数，可以使图像的色调和细节更加丰富细腻；在 **颜色** 选项区中通过调整自然饱和度和饱和度参数，可以使图像的整体色彩更加艳丽；在 **色调曲线和直方图** 选项区中，通过曲线调整图像的整体色调，可以制作出较高质量的图像效果。

如图 6.2.9 所示为应用 HDR 色调命令调整图像后的效果。

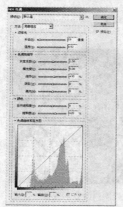

图 6.2.8　"HDR 色调"对话框

图 6.2.9　应用 HDR 色调命令调整图像后的效果

6.2.5　去色

利用去色命令可以去掉彩色图像中的所有颜色值，将其转换为相同颜色模式的灰度图像。选择菜单栏中的 **图像(I)** → **调整(A)** → **去色(D)** 命令后，系统可以自动去除图像的颜色，应用去色命令调整图像后的效果如图 6.2.10 所示。

图 6.2.10　应用去色命令调整图像后的效果

6.2.6　匹配颜色

匹配颜色命令通过匹配一幅图像与另一幅图像的颜色模式，使更多图像之间达到一致外观。

首先在示例图像的基础上，再打开一幅如图 6.2.11 所示的落日图像。然后将打开的示例图像作为当前可编辑图像，选择菜单栏中的 **图像(I)** → **调整(A)** → **匹配颜色(M)...** 命令，弹出"匹配颜色"对话框，在 **源(S)** 下拉列表中选择"落日"图像，如图 6.2.12 所示。

调整 **图像选项** 选项区中的亮度、颜色强度、渐隐等参数。其中，**明亮度(L)** 选项用于增加或减小目标图像的亮度，其最大值为 200，最小值为 1；**颜色强度(C)** 选项用于调整目标图像的色彩饱和度，其最大值为 200，最小值为 1（灰度图像），默认值为 100；**渐隐(E)** 选项用于控制应用于图像的调整量，向右移动滑块可减小调整量；选中 ☑ **中和(N)** 复选框，可以自动移去目标图像的色痕。

图 6.2.11　打开的落日图像　　　　图 6.2.12　"匹配颜色"对话框

如图 6.2.13 所示为应用匹配颜色命令后的效果。

图 6.2.13　应用匹配颜色命令调整图像后的效果

6.2.7　黑白

使用黑白命令可以将图像调整为具有艺术感的黑白效果，也可以调整为不同单色的艺术效果。

选择菜单栏中的 图像(I) → 调整(A) → 黑白(K)... 命令，弹出"黑白"对话框，如图 6.2.14 所示。

在颜色调整区域中包括对红色、黄色、绿色、青色、蓝色和洋红色的调整，可以在文本框中输入数值，也可以直接拖动控制滑块来调整颜色。

选中 ☑ 色调(T) 复选框，可以激活"色相"和"饱和度"来制作其他单色效果。

单击 自动(A) 按钮，系统会自动通过计算对图像进行最佳状态的调整，对于初学者来说，利用该按钮可以方便地完成调整。

如图 6.2.15 所示为应用黑白命令调整图像后的效果。

图 6.2.14　"黑白"对话框　　　　图 6.2.15　应用黑白命令调整图像后的效果

6.2.8 通道混合器

通道混合器只在 RGB 颜色、CMYK 颜色模式中起作用，而在其他颜色模式中不可用。当调整图层，加全白蒙版时，通道混合器作用于某整个通道；当加局部透明蒙版时，通道混合器只作用于某通道的局部透明区域。

选择菜单栏中的 图像(I) → 调整(A) → 通道混合器(X)... 命令，弹出"通道混合器"对话框，如图 6.2.16 所示。

在 输出通道: 下拉列表中可选择一个通道。当图像为 RGB 模式时，在此下拉列表中有 3 个通道，即红、绿、蓝；当所需要调整的图像模式为 CMYK 时，此下拉列表中有 4 个通道，即青色、洋红色、黄色、黑色。

在 源通道 选项区中可设置其中一个通道的参数，向左拖动滑块，可减少源通道在输出通道中所占的百分比，向右拖动滑块，效果则相反。

拖动 常数(N): 滑块，改变常量值，可在输出通道中加入一个透明的通道。当然，透明度可以通过滑块或数值调整，负值时为黑色通道，正值时为白色通道。

若选中 ☑ 单色(H) 复选框，则可对所有输出通道应用相同的设置，创建出灰阶的图像。

如图 6.2.17 所示为应用通道混合器命令调整图像后的效果。

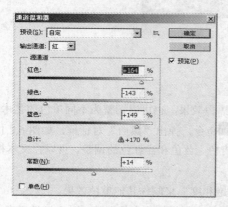

图 6.2.16 "通道混合器"对话框

图 6.2.17 应用通道混合器命令后图像的效果

6.3 颜色模式的转换

Adobe 公司为用户提供的颜色模式有十余种，每一种模式都有自己的优缺点和适用范围。在 Photoshop CS5 中可以自由地转换图像的各种颜色模式。但由于不同的颜色模式所包含的颜色范围不同，以及它们特性存在差异，所以在转换时或多或少会产生一些数据的丢失。因此在进行模式转换时，就应该考虑到这些问题，避免产生不必要的损失，以提高图像的品质。

例如，将一幅 RGB 模式的图像转换为灰度模式，其具体的操作方法如下：

（1）按"Ctrl+O"键，打开一幅 RGB 模式的图像，如图 6.3.1 所示。

（2）选择菜单栏中的 图像(I) → 模式(M) → 灰度(G) 命令，弹出如图 6.3.2 所示的提示框。

（3）单击 扔掉 按钮，即可将 RGB 模式的图像转换为灰度模式，如图 6.3.3 所示。

图 6.3.1 RGB 模式的图像文件

图 6.3.2 提示框   图 6.3.3 将 RGB 模式转换为灰度模式

6.4 应用实例——制作人物素描效果

本节主要利用所学的知识制作人物素描，最终效果如图 6.4.1 所示。

图 6.4.1 最终效果图

操作步骤

（1）按 "Ctrl+O" 键，打开一幅人物照片，如图 6.4.2 所示。

（2）按 "Ctrl+J" 键，复制一个照片副本，然后选择菜单栏中的 图像(I) → 调整(A) → 去色(D) 命令，去除照片的颜色，效果如图 6.4.3 所示。

图 6.4.2 打开的人物图像   图 6.4.3 去除图像颜色

（3）选择菜单栏中的 图像(I) → 调整(A) → 曲线(U)... 命令，弹出"曲线"对话框，设置其对话框参数如图 6.4.4 所示。

（4）设置好各选项参数后，单击 确定 按钮，应用曲线命令调整图像后的效果如图 6.4.5 所示。

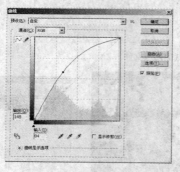

图 6.4.4 "曲线"对话框

图 6.4.5 应用曲线命令调整图像后的效果

（5）按"Ctrl+J"键，复制一个图层副本，并将该图层的混合模式设置为"滤色"，效果如图 6.4.6 所示。

（6）按"Ctrl+ Alt+Shift+E"键盖印图层，选择菜单栏中的 滤镜(T) → 锐化 → 智能锐化... 命令，弹出"智能锐化"对话框，设置其对话框参数如图 6.4.7 所示。

图 6.4.6 设置图层混合模式效果

图 6.4.7 "智能锐化"对话框

（7）按"Ctrl+L"键，弹出"色阶"对话框，设置其对话框参数如图 6.4.8 所示。

（8）设置好参数后，单击 确定 按钮，应用色阶命令调整图像后的效果如图 6.4.9 所示。

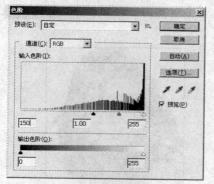

图 6.4.8 "色阶"对话框

图 6.4.9 应用色阶命令调整图像后的效果

（9）按"Ctrl+J"键，复制一个图层副本，选择菜单栏中的 滤镜(T) → 其它 → 高反差保留... 命令，弹出"高反差保留"对话框，设置其对话框参数如图 6.4.10 所示。

（10）设置好各选项参数后，单击 确定 按钮，应用高反差保留命令调整图像后的效果如图 6.4.11 所示。

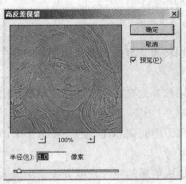
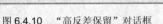

图 6.4.10　"高反差保留"对话框　　　　　图 6.4.11　应用高反差保留命令后图像的效果

（11）选择菜单栏中的 图像(I) → 调整(A) → 阈值(T)... 命令，在弹出的"阈值"对话框中的阈值色阶(T): 文本框中输入数值"1"。

（12）单击图层面板下方的"添加图层蒙版"按钮 ，然后使用黑色画笔工具涂抹人物脸部的杂点，效果如图 6.4.12 所示。

（13）在图层面板中将添加蒙版图层的混合模式设置为"柔光"，然后按"Ctrl + J"键，复制一个图层副本。

（14）选择菜单栏中的 滤镜(T) → 锐化 → 锐化 命令对复制的图像进行锐化，然后按"Ctrl+F"键 3 次，效果如图 6.4.13 所示。

图 6.4.12　涂抹人物脸部后的效果　　　　图 6.4.13　反复锐化图像后的效果

（15）使用工具箱中的加深工具 和减淡工具 修饰人物的脸部轮廓，人物素描的最终效果如图 6.4.1 所示。

本 章 小 结

本章主要介绍了图像色彩的调整与颜色的转换，包括图像色彩与色调的调整、特殊颜色的处理以及颜色模式的转换等内容。通过本章的学习，读者应熟练使用这些命令对图像进行色相、饱和度、对比度以及亮度的调整，进而运用这些命令制作出形态万千的艺术作品。

实 训 练 习

一、填空题

1. 在 Photoshop CS5 中，利用_____命令可以将设置好的渐变色添加到照片中，形成一种混合效果。

2. Photoshop CS5 新增的_____命令，可用来修补太亮或太暗的图像，制作出高动态范围的图像效果。

3. _____命令允许用户通过修改图像的暗调、中间调和高光的亮度水平来调整图像的色调范围和颜色平衡。

4. 使用_____命令适用于校正由强逆光而形成剪影的照片，或者校正由于太接近相机闪光灯而有些发白的焦点。

5. 在 Photoshop CS5 中，通道混合器只在_____和_____颜色模式中起作用，而在其他颜色模式中不可用。

二、选择题

1. 利用（   ）命令可以去掉彩色图像中的所有颜色值，将其转换为相同颜色模式的灰度图像。
  （A）去色 　　　　　　　　　　　　（B）匹配颜色
  （C）反相 　　　　　　　　　　　　（D）曝光度

2. 利用（   ）命令可以调整图像中单个颜色成分的色相、饱和度和亮度。
  （A）色阶 　　　　　　　　　　　　（B）渐变映射
  （C）色相/饱和度 　　　　　　　　（D）通道混合器

3. 利用（   ）命令可以调整 HDR 图像的色调，也可以用于调整 8 位和 16 位图像，可以对曝光不足或曝光过度的图像进行调整。
  （A）曝光度 　　　　　　　　　　　（B）阴影/高光
  （C）亮度/对比度 　　　　　　　　（D）照片滤镜

4. 下列（   ）命令是 Photoshop CS5 新增的色调调整命令。
  （A）变化 　　　　　　　　　　　　（B）照片滤镜
  （C）色调分离 　　　　　　　　　　（D）HDR 色调

5. 按（   ）键，可以对图像的颜色进行反相处理。
  （A）Ctrl+I 　　　　　　　　　　　（B）Ctrl+Shift+I
  （C）Ctrl+T 　　　　　　　　　　　（D）Ctrl+F

6. 如果要将图像的颜色转换为其互补色，可以使用（   ）命令。
  （A）色相/饱和度 　　　　　　　　（B）色阶
  （C）曲线 　　　　　　　　　　　　（D）反相

三、简答题

1. 在 Photoshop CS5 中，用于调整图像色彩与色调的命令有哪些？

2．在 Photoshop CS5 中，如何进行颜色模式间的转换？

四、上机操作题

1．打开一幅春景图，利用本章所学的知识分别将图片调整为秋天和冬天的景色。

2．利用本章所学的知识，校正偏黄的照片颜色。

3．打开一幅婚纱照，利用本章所学的知识，制作如题图 6.1 所示的唯美效果。

题图 6.1　效果图

第 7 章 图层的应用及操作

图层是 Photoshop 软件工作的基础，它是进行图形绘制和处理时常用的重要命令，灵活地使用图层可以创建各种各样的图像效果。

知识要点

- 图层简介
- 创建图层
- 编辑图层
- 图层样式

7.1 图 层 简 介

使用图层功能，可以将一个图像中的各个部分独立出来，然后方便地对其中的任何一部分进行修改，而不会影响到其他图层。

7.1.1 图层的分类

在 Photoshop CS5 中可以将图层分为 6 类，即背景图层、普通图层、文本图层、填充图层、形状图层和调整图层，其含义分别如下：

（1）背景图层：当使用白色背景或彩色背景创建新图像或打开一个图像时，位于图层控制面板最下方的图层称为背景层。一个图像只能有一个背景层，且该图层有其局限性，不能对背景层的排列顺序、混合模式或不透明度进行调整，但是，可以将背景图层转换为普通图层后再对其进行调整。

（2）普通图层：该类图层即一般意义上的图层，它位于背景图层的上方。

（3）文本图层：文字可以像处理正常图层那样移动、重新叠放、拷贝和更改文字图层的选项，但不能进行绘画和滤镜处理，除非将文字图层转化为普通图层。

（4）填充图层：该类图层对其下方的图层没有任何作用，只是创建使用纯色、渐变色和图案填充的图层。

（5）形状图层：使用形状工具组可以创建形状图层，也称为矢量图层。

（6）调整图层：用户可以通过该类图层存储图像颜色和色调调整后的效果，而并不对其下方图像中的像素产生任何效果。

7.1.2 图层面板

对图层的操作都可通过图层面板来完成。默认状态下，图层面板显示在 Photoshop CS5 工作界面的右侧，如果没有显示，可选择菜单栏中的 窗口(W) → 图层 命令，打开图层面板，如图 7.1.1 所示。

（1）图层名称：每个图层都要定义不同的名称，以便于区分。

图 7.1.1 图层面板

（2）图层缩览图：在图层名称的左侧有一个图层缩览图。其中显示着当前图层中的图像缩览图，可以迅速辨识每一个图层。当对图层中的图像进行修改时，图层缩览图的内容也会随着改变。

（3）眼睛图标👁：此图标用于显示或隐藏图层。当图标显示为▢时，此图层处于隐藏状态；当图标显示为👁时，此图层处于显示状态。如果图层被隐藏，对该层进行任何编辑操作都不起作用。

（4）当前图层：在图层面板中以蓝色显示的图层，表示正在编辑，因此称为当前图层。绝大部分编辑命令都只对当前图层可用。当切换当前图层时，只须单击图层名称或预览图即可。

（5）锁定：在 锁定 选项区中有 4 个按钮，单击某一个按钮就会锁定相应的内容。

1）单击"锁定透明像素"按钮▢，即可使当前图层的透明区域一直保持透明效果。

2）单击"锁定图像像素"按钮✎，可将当前图层中的图像锁定，不能进行编辑。

3）单击"锁定位置"按钮✛，可锁定当前图层中的图像所在位置，使其不能移动。

4）单击"全部锁定"按钮🔒，可同时锁定图像的透明度、像素及位置，不能进行任何修改。

（6）填充：用于设置当前图层的不透明度。

（7）不透明度：用于设置图层的总体不透明度。

（8）链接图层🔗：用于将多个图层链接在一起。

（9）添加图层样式 ƒx：单击此按钮，可从弹出的下拉菜单中选择一种图层样式，以应用于当前图层。

（10）图层蒙版◻：单击此按钮，可在当前图层上创建图层蒙版。

（11）创建新的填充或调整图层◑：单击此按钮，可从弹出的下拉菜单中选择填充图层或调整图层。

（12）创建新组▭：单击此按钮，可以创建一个新图层组。

（13）创建新图层▣：单击此按钮，可以建立一个新图层。

（14）删除图层🗑：单击此按钮，可将当前图层删除，或用鼠标将图层拖至此按钮上删除。

（15）图层混合模式：单击 正常 ▼ 下拉列表框，可从弹出的下拉列表中选择不同的混合模式，以决定当前图层与其他图层叠合在一起的效果。

（16）面板菜单：在右上角单击▤按钮，可弹出其面板菜单，从中可以选择相应的命令对图层进行操作。

7.2 创 建 图 层

图层的创建包括创建普通图层、创建背景图层、创建调整图层以及创建填充图层等，下面对其进行具体介绍。

7.2.1　创建普通图层

创建普通图层的方法有多种，可以直接单击图层面板中的"创建新图层"按钮 进行创建，也可通过单击图层面板右上角的 按钮，从弹出的面板菜单中选择 新建图层… 命令，弹出"新建图层"对话框，如图 7.2.1 所示。在该对话框中设置好各选项参数后，单击 确定 按钮，即可在图层面板中显示创建的新图层，如图 7.2.2 所示。

图 7.2.1　"新建图层"对话框　　　　图 7.2.2　新建图层

7.2.2　创建背景图层

如果要创建新的背景图层，可在图层面板中选择需要设定为背景图层的普通图层，然后选择菜单栏中的 图层(L) → 新建(W) → 图层背景(B) 命令，即可将普通图层设定为背景图层。如图 7.2.3 所示为将"图层 0"设定为"背景"图层。

图 7.2.3　创建背景图层

7.2.3　创建形状图层

使用形状工具或钢笔工具可以创建形状图层。形状中会自动填充当前的前景色，但也可以通过其他方法对其进行修饰，如建立一个由其他颜色、渐变或图案来进行填充的编组图层。将形状的轮廓存储再链接到图层的矢量蒙版中，如图 7.2.4 所示。

图 7.2.4　创建形状图层

7.2.4　创建文本图层

使用文字工具在图像中单击即可创建文本图层，有些图层调整功能不能用于文本图层，可先将文本图层转换为普通图层，即栅格化文本图层后对其进行普通图层的操作。其方法为选择菜单栏中的 图层(L) → 栅格化(Z) → 文字(T) 命令，就可以将文本图层转换为普通图层，如图 7.2.5 所示。

图 7.2.5　栅格化文字图层

7.2.5　创建填充图层

创建填充图层的方法：选择菜单栏中的 图层(L) → 新建填充图层(W) → 图案(R)... 命令，弹出"新建图层"对话框，设置参数后，单击 确定 按钮，将弹出如图 7.2.6 所示的"图案填充"对话框，从中选择一种图案进行填充，即可创建填充图层，如图 7.2.7 所示。

图 7.2.6　"图案填充"对话框　　　　　图 7.2.7　创建填充图层

7.2.6　创建调整图层

调整图层是一种比较特殊的图层，它本身并不具备单独的图像及颜色，但可以影响在它下方的所有图层，一般用它们对图像进行颜色和色调调整。例如，打开一幅 RGB 模式的图像文件，选择菜单栏中的 图层(L) → 新建调整图层(J) → 亮度/对比度(C)... 命令，弹出如图 7.2.8 所示的"新建图层"对话框。设置好参数后，单击 确定 按钮，即可创建一个"亮度/对比度"调整图层，如图 7.2.9 所示。

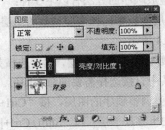

图 7.2.8　"新建图层"对话框　　　　　图 7.2.9　创建调整图层

7.3 编 辑 图 层

在 Photoshop CS5 中，编辑图层主要包括复制和删除图层、调整图层叠放顺序、建立链接图层、对齐和分布图层、合并和盖印图层以及显示或隐藏图层等，只有掌握了图层的这些编辑操作，才能设计出理想的作品。

7.3.1 复制和删除图层

复制图层的方法有以下两种：

（1）在图层面板中将所选的图层拖曳至"创建新图层"按钮 ![按钮] 上，即可创建一个图层副本。

（2）选中要复制的图层，在图层面板右上方单击按钮 ![按钮] ，从弹出的下拉菜单中选择 ![复制图层(D)...] 命令，弹出"复制图层"对话框，如图 7.3.1 所示，单击 ![确定] 按钮，就会在图层面板中显示复制的图层副本，如图 7.3.2 所示。

删除图层的方法有以下 3 种：

（1）在图层面板中选择要删除的图层，单击面板下方的"删除图层"按钮 ![按钮] ，即可将该图层删除。

（2）在图层面板中所要删除的图层上单击鼠标右键，在弹出的快捷菜单中选择 ![删除图层] 命令，弹出如图 7.3.3 所示的提示框，单击 ![是(Y)] 按钮，即可将该图层删除。

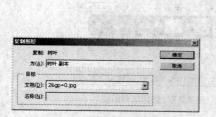
图 7.3.1 "复制图层"对话框

图 7.3.2 复制图层

图 7.3.3 提示框

（3）在图层面板中选择要删除的图层，单击图层面板右上角的 ![按钮] 按钮，在弹出的面板菜单中选择 ![删除图层] 命令即可。

7.3.2 调整图层叠放顺序

调整图层叠放顺序的方法有以下 3 种：

（1）在图层面板中选择需要调整的图层，将其拖曳到其他图层的上方或下方，即可改变其叠放顺序，如图 7.3.4 所示。

（2）选择要调整顺序的图层，然后选择菜单栏中的 ![图层(L)] → ![排列(A)] 命令，弹出如图 7.3.5 所示的子菜单，在其中直接选择需要的命令即可。

（3）选择要调整顺序的图层，按"Ctrl+["键，可将当前图层向下移动一层；按"Ctrl+]"键，可将当前图层向上移动一层；按"Shift+Ctrl+["键，可将当前图层移到最底层；按"Shift+Ctrl+]"键，可将当前图层移到最顶层。

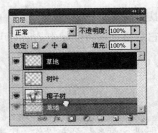 

图 7.3.4　调整图层顺序　　　　　　　　　图 7.3.5　排列子菜单

7.3.3　建立链接图层

要链接图层只需要在图层面板中选择需要链接的图层，然后再单击图层面板底部的"链接图层"按钮 ，即可将图层链接起来。链接后的每个图层中都含有 标志，如图 7.3.6 所示。

图 7.3.6　链接图层

提示： 在链接图层过程中，按住"Shift"键可以选择连续的几个图层，按住"Ctrl"键可分别选择需要进行链接的图层。

7.3.4　合并和盖印图层

在编辑图像的过程中，可以将图层进行合并，下面介绍 4 种合并图层的方法。

（1）选择菜单栏中的 图层(L) → 向下合并(E) 命令，或按"Ctrl+E"键，可以将当前图层向下合并，即当前图层与其下方的第一个图层合并为同一个图层。

（2）选择菜单栏中的 图层(L) → 合并图层(E) 命令，或按"Ctrl+E"键，可以将选中的两个或多个图层合并为同一个图层。

（3）选择菜单栏中的 图层(L) → 合并可见图层(V) 命令，或按"Shift+Ctrl+E"键，可以将所有显示的图层合并为同一个图层，隐藏的图层仍然保持原来状态。

（4）选择菜单栏中的 图层(L) → 拼合图像(F) 命令，即可将所有显示的图层合并为背景图层，隐藏的图层将被删除。

除了合并图层外，还可以通过盖印的方法合并图层。盖印可以将多个图层的内容合并为一个目标图层，同时使其他图层保持完好。

（1）按"Ctrl+Alt+E"键，即可盖印选中的单个或多个图层。盖印选中的单个图层是可将某个图层中的图像复制，并将复制生成的图层与其下方的图层（除原图层以外的下一个图层）合并；盖印选中的多个图层是指可将选中的多个图层复制，并将复制生成的图层合并为一个新图层。

（2）按"Shift+Ctrl+Alt+E"键，即可盖印所有可见图层。它是指可以将图像中的所有可见图层复制，并将复制生成的图层合并为一个新图层。

7.3.5　对齐和分布图层

当在图层面板中同时选中两个或多个图层时，可以对这些图层进行对齐与分布操作，其具体操作方法如下：

选择菜单栏中的 图层(L) → 对齐(I) 命令，弹出如图 7.3.7 所示的子命令菜单，用户可以选择不同的对齐方式，对齐选中的多个图层或链接图层。如图 7.3.8 所示为水平居中对齐图层效果。

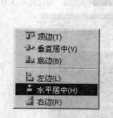

图 7.3.7　"对齐"子菜单　　　　　图 7.3.8　水平居中对齐图层效果

选择菜单栏中的 图层(L) → 分布(Q) 命令，弹出如图 7.3.9 所示的子命令菜单，用户可以选择相应的分布方式，分布选中的多个图层或链接图层。如图 7.3.10 所示为水平居中分布图层效果。

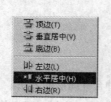

图 7.3.9　"分布"子菜单　　　　　图 7.3.10　水平居中分布图层效果

7.3.6　显示或隐藏图层

在图层面板中，显示眼睛图标 的图层为可见图层，没有显示眼睛图标的图层为隐藏的图层，在打印图像时，只有可见的图层能够被打印出来。

在眼睛图标的位置单击可以显示或隐藏图层。按住"Alt"键单击一个眼睛图标，只显示该图标对应的图层，其他图层全部隐藏，再次按住"Alt"键单击同一个眼睛图标，即可恢复图层的可见性。在眼睛图标列中拖动鼠标，可以一次改变多个图层的可见性。

7.3.7　使用图层组

图层组用于管理图层。创建图层组后，可以将图层按照类别放置在不同的图层组内，这类似于使用文件夹管理文件。可以像处理普通图层一样，移动、复制、链接、合并、对齐、分布图层组，还可以将图层移入或移出图层组。图层组的创建方法有以下 4 种：

（1）选择菜单栏中的 图层(L) → 新建(N) → 组(G)... 命令，可以在当前图层上方新建一个不包括任何图层的空白图层组，如图 7.3.11 所示。

（2）选择菜单栏中的 图层(L) → 图层编组(G) 命令，即可创建一个只包含当前图层的图层组。

（3）在图层控制面板中，单击其下方的"创建图层组"按钮 ▢ 可新建一个新的空白图层组。

（4）在图层控制面板中，单击其右侧的 ▤ 按钮，从弹出的下拉菜单中选择 新建组(G)... 命令或 从图层新建组(A)... 命令，也可以新建图层组。

当用户要将某个图层添加到一个图层组中时，只须选中该图层，拖动它至图层组文件夹上，即可将该图层添加到某个图层组中，该图层将置于最底层，其状态如图 7.3.12 所示。

图 7.3.11　创建图层组　　　　　　图 7.3.12　向图层组中添加图层

7.4　图 层 样 式

图层样式是应用于一个图层或图层组的一种或多种效果，将这些效果组合可以创建不同的样式。在 Photoshop CS5 中提供了一些预设的图层样式，还可以通过"图层样式"对话框来创建自定的样式。

7.4.1　设置混合选项

"图层样式"对话框左侧的"混合选项"样式不会为图层添加效果，它用于调整图层的不透明度和混合模式，并控制图层之间像素的混合方式。例如，打开一幅如图 7.4.1 所示的图像文件，选择菜单栏中的 图层(L) → 图层样式(Y) 命令，或使用鼠标双击普通图层即可弹出"图层样式"对话框，在该对话框中的 常规混合 选项区中可以设置图层样式的混合模式和不透明度；在 高级混合 选项区中可以设置复杂混合效果；在 混合颜色带(E): 选项区中可以设置图像某一通道的混合范围，设置混合选项后的效果如图 7.4.2 所示。

下面介绍几种常用的混合模式：

（1）正常：正常模式是 Photoshop 默认的混合模式。当图层的不透明度为 100%时，设置为该模式的图层将完全覆盖下层图像。

（2）溶解：使用溶解模式，可以将当前图层中的图像以一种颗粒状的方式作用到下层，产生两层图像互相溶解的效果。图层的不透明度越低，溶解效果就越明显。

（3）正片叠底：使用正片叠底模式，可以将新加入的颜色与原图像颜色混合成为比原来两种颜色更深的第三种颜色。任何颜色与黑色混合产生黑色；任何颜色与白色混合保持不变。

图 7.4.1　打开的图像　　　　　　　　　图 7.4.2　设置混合选项后的图像效果

（4）滤色：查看每个通道的颜色信息，并将混合色的互补色与基色复合，结果色总是较亮的颜色。在该模式中，可以完全去除图像中的黑色。

（5）叠加：加强原图像的高亮区和阴影区，同时将前景色叠加到原图像中。

（6）柔光：根据前景色的灰度值对原图像进行变暗或变亮处理。如果前景色灰度值大于 50%，则对图像进行浅色叠加处理；如果前景色灰度值小于 50%，对图像进行暗色相乘处理。因此，如果原图像是纯白色或纯黑色，则会产生明显的较暗或较亮区域，但不会产生纯黑色或纯白色。

（7）强光：复合或过滤颜色，具体取决于混合色。如果混合色的灰度值大于 50%，则图像变亮，就像过滤后的效果，这对于向图像添加高光效果非常有用；如果混合色的灰度值小于 50%，则图像变暗，就像复合后的效果，这对于向图像添加阴影效果非常有用。

（8）亮光：通过增加或减小对比度加深或减淡图像的颜色，具体取决于混合色。如果混合色灰度值大于 50%，则通过减小对比度使图像变亮；如果混合色灰度值小于 50%，则通过增加对比度使图像变暗。

（9）点光：根据混合色替换颜色。如果混合色灰度值大于 50%，则替换比混合色暗的像素而不改变比混合色亮的像素；如果混合色灰度值小于 50%，则替换比混合色亮的像素而不改变比混合色暗的像素，这对于向图像添加特殊效果非常有用。

（10）差值：查看每个通道中的颜色信息，并从基色中减去混合色，或从混合色中减去基色，具体取决于哪一个通道中颜色的亮度值更大。与白色混合将反转基色值；与黑色混合则不产生变化。

7.4.2　设置阴影效果

用户可以在"图层样式"对话框中选中 ☑投影 复选框和 ☑内阴影 复选框，在对应的参数设置区中分别设置图层的投影效果和内阴影效果，如图 7.4.3 所示。

"投影"和"内阴影"参数设置区中的选项基本相同，各选项含义如下：

（1）混合模式(B)：该选项用于确定图层样式的混合方式，用户可根据不同的效果需要设置混合模式选项，其右边的色块 用于设置投影的颜色或内阴影的颜色。

（2）不透明度(O)：该选项用于设置投影效果或内阴影效果的不透明度。

（3）角度(A)：该选项用于确定效果应用于图层时所采用的光照角度，可以在图像窗口中拖动鼠标以调整投影或内阴影效果的角度。选中 ☑ 使用全局光(G) 复选框即可为该效果打开全部光源，取消选中该复选框，可对投影或内阴影效果指定局部角度。

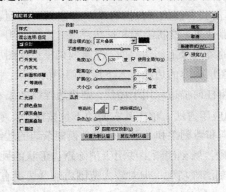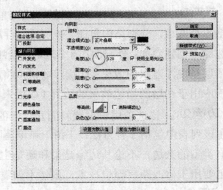

图 7.4.3 "投影"和"内阴影"选项参数

（4）在 **距离(D):** 文本框中输入数值可确定内阴影或投影效果的偏移距离，也可以拖动其右侧的滑块指定偏移距离。

（5）在 **扩展(R):** 文本框中输入数值可确定进行处理前对该效果的模糊程度。

（6）在 **阻塞(C):** 文本框中输入数值可确定内发光的收缩量。

（7）在 **大小(S):** 文本框中输入数值可确定内阴影或投影效果的大小。

（8）**等高线:** 该选项用于增加不透明度的变化。单击其右侧的下拉按钮，弹出等高线下拉列表，用户可以针对不同的图像选择相应的等高线调整图像。

（9）**消除锯齿(L):** 选中该复选框表示混合等高线或光泽等高线的边缘像素，此选项对尺寸大小且具有复杂等高线的阴影最有用。

（10）在 **杂色(N):** 文本框中输入数值可确定发光或阴影的不透明度中随机元素的数量。

（11）**图层挖空投影(U):** 选中该复选框用于控制半透明图层中投影的可视性。

对图层中的图像分别使用投影和内阴影，效果如图 7.4.4 所示。

投影　　　　　　　　　　　　　　　内阴影

图 7.4.4 使用投影和内阴影后的效果

7.4.3 设置斜面和浮雕效果

用户可以在"图层样式"对话框中选中 **斜面和浮雕** 复选框，在对应的"斜面和浮雕"参数设置区中设置图层的斜面和浮雕效果，如图 7.4.5 所示。

"斜面和浮雕"参数设置区中的选项介绍如下：

（1）**结构**：该选项区用于设置斜面和浮雕效果的结构。其中包含 6 个选项。

1）**样式(T)**：该选项用于确定斜面样式，单击其右侧的下拉按钮 ，弹出其下拉列表，在该列表中包括 5 个选项，分别是内斜面、外斜面、浮雕效果、枕状浮雕和描边浮雕。内斜面用于在图层内容的内边缘上创建斜面；外斜面用于在图层内容的外边缘上创建斜面；浮雕效果模拟使图层内容相对于下层图层呈现浮雕状的效果；枕状浮雕模拟将图层内容的边缘压入下层图层中的效果；描边浮雕将浮雕限于应用于图层的描边效果的边界（如果未将任何描边应用于图层，则描边浮雕效果不可见）。

2）**方法(Q)**：该选项用于设置斜面和浮雕的应用方法。单击其右侧的下拉按钮 ，弹出其下拉列表，在该列表中包括 3 种方法：平滑、雕刻清晰和雕刻柔和。平滑可稍微模糊杂边的边缘，并且可用于所有类型的杂边，不论其边缘是柔和还是生硬；雕刻清晰主要用于消除锯齿形状的硬边杂边；雕刻柔和主要用于修改距离测量技术，虽然不如雕刻清晰精确，但对较大范围内的杂边更有用。

3）**深度(D)**：该选项用于设置斜面的深度。

4）**方向**：该选项用于设置斜面和浮雕的效果是从上面还是从下面产生。

5）**大小(Z)**：该选项用于设置斜面和浮雕效果的大小。

6）**软化(F)**：该选项用于设置模糊阴影效果，并可减少多余的人工痕迹。

（2）**阴影**：该选项区用于设置斜面和浮雕效果中的阴影效果，该选项区包括 7 个选项。

1）**角度(N)** 和 **高度**：该选项区用于确定效果应用于图层时所采用的光照角度及高度，可以在图像窗口中拖动鼠标进行设置。

2）**光泽等高线**：该选项用于创建有光泽的金属外观，它在为斜面或浮雕加上阴影效果后应用，允许勾画在浮雕处理中被遮住的起伏、凹陷和凸起。

3）**高光模式(H)**：该选项用于设置斜面或浮雕效果高光的混合模式。

4）**不透明度(O)**：该选项用于设置高光的不透明度。

5）**阴影模式(A)**：该选项用于设置斜面或浮雕效果阴影的混合模式。

6）**不透明度(C)**：该选项用于设置阴影的不透明度。

7）选中 ☑ 消除锯齿(L) 复选框可用于消除斜面和浮雕效果中的锯齿。

对图层中的图像使用斜面和浮雕效果，如图 7.4.6 所示。

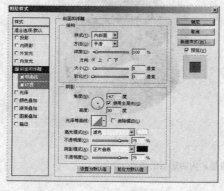

图 7.4.5　"斜面和浮雕"选项参数

图 7.4.6　使用斜面和浮雕后的效果

7.4.4　设置发光效果

用户可以在"图层样式"对话框中选中 ☑外发光 复选框和 ☑内发光 复选框，在对应的参数设置区中分别设置图层的内发光效果和外发光效果，如图 7.4.7 所示。

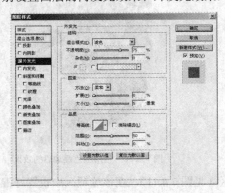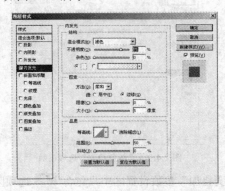

图 7.4.7 "外发光"和"内发光"选项参数

"外发光"和"内发光"参数设置区中的选项基本相同，各选项含义如下：

（1）选中 ⊙□ 单选按钮，用于设置发光颜色，用户可以根据需要调整颜色。

（2）**图素**：该选项区用于设置发光的颜色在图层蒙版中的效果。该选项区在"内发光"参数设置区中包括 3 个选项：方法、阻塞和大小。

1）**方法(Q)**：该选项用于设置发光的方式，其中包含两个选项：柔和与精确。

在"内发光"参数设置区中，**源**：选项用于确定内发光的光源，选中 ⊙ **居中(E)** 单选按扭可应用从图层的中心发出的光；选中 ⊙ **边缘(G)** 单选按钮可应用从图层的内部边缘发出的光。

2）在 **阻塞(C)**：文本框中输入数值确定内发光的收缩量；在"外发光"参数设置区中，在 **扩展(P)**：文本框中输入数值确定外发光的扩展量。

3）在 **大小(S)**：文本框中输入数值确定发光效果的大小。

（3）**品质**：该选项区用于调整发光的效果。

对图层中的图像使用外发光和内发光，效果如图 7.4.8 所示。

图 7.4.8 使用外发光和内发光后的效果

7.4.5 叠加样式

用户可以在"图层样式"对话框中分别选中 ☑**颜色叠加** 复选框、☑**渐变叠加** 复选框和 ☑**图案叠加** 复选框，在对应的参数设置区中设置图层的颜色叠加、渐变叠加和图案叠加效果。

在"颜色叠加"参数设置区中只包含 **颜色** 选项区（见图 7.4.9），该选项区用于设置颜色叠加效果，使用后效果如图 7.4.10 所示。

图 7.4.9 "颜色叠加"选项参数   图 7.4.10 使用颜色叠加后的效果

"渐变叠加"参数设置区中只包含 渐变 选项区（见图 7.4.11），在该选项区中设置好混合模式、渐变、样式和缩放 4 个选项参数后，得到的效果如图 7.4.12 所示。

图 7.4.11 "渐变叠加"选项参数   图 7.4.12 使用渐变叠加后的效果

在"图案叠加"参数设置区中单击 图案: 右侧的下拉按钮 ，从弹出的图案下拉列表中选择需要的图案（见图 7.4.13），即可为图层添加图案叠加效果，如图 7.4.14 所示。

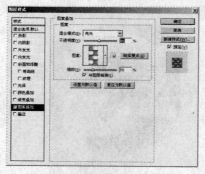

图 7.4.13 "图案叠加"选项参数   图 7.4.14 使用图案叠加后的效果

7.4.6 设置光泽和描边效果

用户可以在"图层样式"对话框中选中 光泽 复选框和 描边 复选框，在对应的参数设置区中可设置图层的光泽和描边选项参数，如图 7.4.15 所示。

在"光泽"参数设置区中设置不同的参数可得到不同的光泽效果，设置方法与前面几种样式基本相同，不再赘述。

在"描边"参数设置区中，位置(P): 选项用于设置对图层的描边是居中、居内还是居外，单击

填充类型(F): 右侧的下拉按钮■，弹出下拉列表，在该下拉列表中包括 3 个选项：颜色、渐变和图案，用户可根据需要选择相应的填充内容。

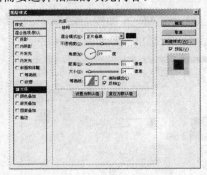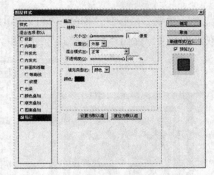

图 7.4.15　"光泽"和"描边"选项参数

对图层中的图像添加光泽和描边效果，如图 7.4.16 所示。

光泽样式　　　　　　　　　　　　　描边样式

图 7.4.16　使用光泽和描边后的效果

7.5　应用实例——制作地毯效果

本节主要利用所学的知识制作地毯效果，最终效果如图 7.5.1 所示。

图 7.5.1　最终效果图

操作步骤

（1）按 "Ctrl+N" 键，新建一个宽度和高度都为 "8" 厘米、背景色为 "#A28E69" 的空白文档。

（2）新建图层 1，单击工具箱中的 "自定形状工具" 按钮■，设置属性栏参数如图 7.5.2 所示。

图 7.5.2　"自定形状工具"属性栏

（3）设置好参数后，按住"Shift"键，在新建图像中绘制一个如图 7.5.3 所示的形状。

（4）双击图层 1，弹出"图层样式"对话框，设置其对话框参数如图 7.5.4 所示。

图 7.5.3　绘制的形状

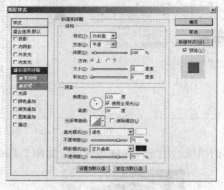

图 7.5.4　"图层样式"对话框

（5）分别选中"图层样式"对话框中的 ☑等高线 和 ☑纹理 复选框，设置其参数如图 7.5.5 所示。

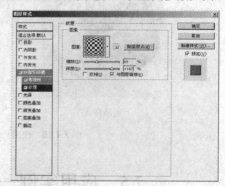

图 7.5.5　设置"等高线"和"纹理"选项

（6）设置好参数后，单击 确定 按钮，为图像添加斜面和浮雕后的效果如图 7.5.6 所示。

（7）复制一个背景副本图层，然后重复步骤（4）的操作，为该图层添加斜面和浮雕效果，设置其对话框参数如图 7.5.7 所示。

图 7.5.6　为图像添加斜面和浮雕后的效果

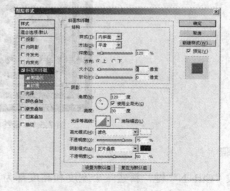

图 7.5.7　设置"斜面和浮雕"选项

（8）选中"图层样式"对话框中的 ☑纹理 复选框，设置其对话框参数如图 7.5.8 所示。

（9）设置好参数后，单击 确定 按钮，为背景副本图层添加斜面和浮雕后的图像效果如图 7.5.9 所示。

图 7.5.8　设置"纹理"选项　　　　　图 7.5.9　为背景副本图层添加斜面和浮雕后的效果

（10）按住"Ctrl"键单击图层 1，将图层 1 载入选区，然后将背景副本图层作为当前图层，按"Delete"键删除选区内的图像，按"Ctrl+D"键取消选区，效果如图 7.5.10 所示。

（11）新建图层 2，将图层 1 载入选区，然后选择菜单栏中的 选择(S) → 修改(M) → 扩展(E)... 命令，弹出"扩展选区"对话框，设置其对话框参数如图 7.5.11 所示。

图 7.5.10　创建并删除选区内图像　　　　　图 7.5.11　"扩展选区"对话框

（12）设置好参数后，单击 确定 按钮，扩展选区后的效果如图 7.5.12 所示。

（13）选择菜单栏中的 编辑(E) → 描边(S)... 命令，弹出"描边"对话框，设置其对话框参数如图 7.5.13 所示。设置好参数后，单击 确定 按钮，关闭该对话框。

图 7.5.12　扩展选区后的效果　　　　　图 7.5.13　"描边"对话框

（14）保持选区，重复步骤（10）～（13）的操作 3 次，对选区进行扩展和描边处理，此时的图像效果如图 7.5.14 所示。

（15）设置图层 2 的混合模式为"划分"，然后为图层 1 添加颜色渐变图层样式，效果如图 7.5.15

所示。

图 7.5.14 对选区进行扩展和描边　　　图 7.5.15 为图像添加颜色渐变效果

（16）合并除背景图层以外的所有图层为"图层 1"，并将合并后的图像缩小一定的大小，然后将背景填充为"#861D45"，最终效果如图 7.5.1 所示。

本 章 小 结

本章主要介绍了 Photoshop CS5 中图层的应用及操作，包括图层简介、创建图层、编辑图层以及图层样式等内容。通过本章的学习，读者应熟练掌握图层的各种操作方法与编辑技巧。

实 训 练 习

一、填空题

1．为了方便地管理图层与操作图层，在 Photoshop CS5 中提供了_____面板。

2．若图层名称后有 🔗 标志，则表示该图层处于_____状态。

3．按住_____键单击其他图层，可同时连续选择多个图层。

4．设置图层链接时，如果要选择多个不连续的图层同时实现链接，应按_____键。

5．若图层名称后有 *f×* 标志，则表示该图层应用了某些_____效果。

6．_____模式就是将两个图层的色彩叠加在一起，从而生成叠底效果。

7．在 Photoshop CS5 中图层可以分为 6 类，即_____图层、_____图层、_____图层、_____图层、_____图层和_____图层。

8．在_____图层中可以设置图层的混合模式、不透明度，还可以对图层进行顺序调整、复制、删除等操作。

二、选择题

1．在 Photoshop CS5 中，按（ ）键可以快速打开图层面板。

（A）F7　　　　　　　　　　　　　　（B）F5

（C）F6　　　　　　　　　　　　　　（D）F4

2．（ ）图层是图层中最基本也是最常用的图层形态，在该图层上，用户可以对图像进行任意的编辑操作。

（A）普通 　　　　　　　　　　（B）背景
（C）文字 　　　　　　　　　　（D）调整

3．如果要将多个图层进行统一的移动、旋转等操作，可以使用（　）功能。

（A）复制图层 　　　　　　　　（B）创建图层
（C）删除图层 　　　　　　　　（D）链接或合并图层

4．（　）蒙版是通过钢笔工具或形状工具创建的路径来遮罩图像的，它与分辨率无关，因此在进行缩放时可保持对象边缘光滑无锯齿。

（A）快速 　　　　　　　　　　（B）图层
（C）矢量 　　　　　　　　　　（D）剪贴

5．当图层中含有 ⊖ 标志时，表示该图层处于（　）状态。
（A）可见 　　　　　　　　　　（B）链接
（C）隐藏 　　　　　　　　　　（D）选择

6．单击图层面板中的（　）按钮，可以为当前图层添加图层样效果。
（A）⬜ 　　　　　　　　　　　（B）◻
（C）fx. 　　　　　　　　　　 （D）◲

三、简答题

1．简述 Photoshop CS5 中图层的类型及作用？
2．在 Photoshop CS5 中，如何合并和盖印图层？

四、上机操作题

利用本章所学的知识，制作如题图 7.1 所示的台球效果。

题图 7.1　效果图

第 8 章　通道与蒙版的应用及操作

在图像处理过程中，经常会通过通道和蒙版对图像进行色彩调整，并结合滤镜和其他特殊效果的操作，制作出更加具有视觉效果的图像作品。

知识要点

⊛ 通道概述
⊛ 通道的基本操作
⊛ 合成通道
⊛ 图像蒙版

8.1　通　道　概　述

在 Photoshop 中，通道可以用来存储不同类型信息的灰度图像，通道还可以用来存放选区和蒙版，让用户可以完成更复杂的操作和控制图像的特定部分。

8.1.1　通道的种类

在 Photoshop CS5 中，通道作为图像的组成部分，是与图像的格式密不可分的，图像颜色、格式的不同决定了通道的数量和模式。

1．复合通道

复合通道不包含任何信息，实际上它只是能同时预览并编辑所有颜色通道的一种快捷方式。它通常被用来在单独编辑完一个或多个颜色通道后使通道面板返回到它的默认状态。对于不同模式的图像，其通道的数量是不一样的。在 Photoshop 中，通道涉及 3 种模式，对于一个 RGB 模式的图像，有 RGB、红、绿、蓝共 4 个通道；对于一个 CMYK 模式的图像，有 CMYK、青色、洋红、黄色、黑色共 5 个通道；对于一个 Lab 模式的图像，有 Lab、明度、a、b 共 4 个通道。

2．Alpha 通道

Alpha 通道是计算机图形学中的术语，是指特别的通道。有时，它特指透明信息，但通常的意思是非彩色通道。在 Photoshop 中制作出的大多数特殊效果都离不开 Alpha 通道。

Alpha 通道是由用户建立的用于保存选区的通道，Alpha 通道中将选区作为 8 位的灰度图像来保存，其中白色部分表示完全选中的区域，黑色部分表示没有选中的区域，而灰色部分表示被不同程度选中的区域。

3．颜色通道

在 Photoshop 中编辑图像时，也就是在编辑颜色通道。这些通道将图像分解成一个或多个色彩成分，图像的模式决定了颜色通道的数量，RGB 模式有 3 个颜色通道，CMYK 图像有 4 个颜色通道，灰度图像只有一个颜色通道，它们包含了所有显示或将被打印的颜色。

颜色通道中保存的是图像的颜色信息，当创建或打开一个新的图像时，系统将自动创建颜色信息通道。颜色通道与图像的颜色模式有关，不同颜色模式图像的颜色通道数目不同。例如，CMYK 颜色模式的图像包含 5 个颜色通道，即青色通道、洋红通道、黄色通道、黑色通道以及一个显示 CMYK 图像所有颜色信息的 CMYK 通道。

4．专色通道

专色通道是一种特殊的颜色通道，该通道中保存的是图像的专色信息，它可以使用除青色、洋红、黄色、黑色以外的颜色来绘制图像。

专色是特殊的混和油墨的颜色，用于替代或补充印刷色（CMYK）油墨。在分色打印时，除了 C，M，Y，K 等原色外，专色也会被单独分到一页上打印。

5．单色通道

单色通道的产生比较特别，如果在通道面板中随便删除其中一个通道，就会发现所有通道都变成了黑白色，原有彩色通道即使不删除也会变成灰色。

8.1.2　通道面板

若要在 Photoshop CS5 中管理和编辑通道，可以在通道面板中进行相关操作。如果要打开或隐藏通道面板，可选择菜单栏中的 窗口(W) → 通道 命令，在工作界面中打开或隐藏通道面板，如图 8.1.1 所示。

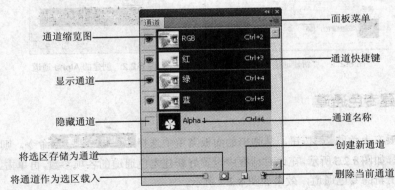

图 8.1.1　通道面板

下面对通道面板底部的各按钮功能进行介绍。

"将通道作为选区载入"按钮 ○ ：可将操作通道中的内容转换为选区或将某一通道内容直接拖至该按钮上建立选区，也可以通过按住"Ctrl"键，在面板中单击要载入选区的通道来实现。

"将选区存储为通道"按钮 □ ：可将当前图像中的选区转变为蒙版存储到新增的 Alpha 通道。

"创建新通道"按钮 ▣ ：可用来创建新的通道，如果同时按住"Alt"键，则可以在弹出的对话框中设置新建通道的参数；如果同时按住"Ctrl"键，则可以创建新的专色通道。

"删除当前通道"按钮 ▥ ：可以删除当前用户所选择的通道，但是不能删除图像文件打开后显示的默认通道。

显示通道图标 ● 和隐藏通道图标 ▢ ：隐藏该图标，表示该通道为不可见状态；显示该图标，则表示该通道为可见状态。

"通道菜单"按钮 ：单击该按钮，可弹出通道面板菜单，其中包含了有关对通道的操作命令。

8.2 通道的基本操作

在 Photoshop CS5 中，可以对图像的通道进行多种操作，如创建新通道、创建专色通道、复制和删除通道、分离和合并通道。

8.2.1 创建新通道

在 Photoshop CS5 中有多种创建 Alpha 通道的方法，如通过快速蒙版创建临时的 Alpha 通道；单击通道面板底部的"创建新通道"按钮 ，创建一个 Alpha 通道；通过选择菜单栏中的 选择(S)→存储选区(V)... 命令，存储选区为新的 Alpha 通道。也可以单击通道面板右上角的 按钮，从弹出的面板菜单中选择 新建通道... 命令，弹出如图 8.2.1 所示的"新建通道"对话框，在该对话框中设置好通道的各项参数，单击 确定 按钮，即可创建一个新的 Alpha 通道，如图 8.2.2 所示。

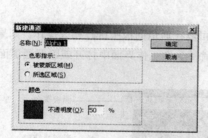

图 8.2.1 "新建通道"对话框

图 8.2.2 创建的 Alpha 通道

8.2.2 创建专色通道

单击通道面板右上角的 按钮，从弹出的面板菜单中选择 新建专色通道... 命令，则弹出"新建专色通道"对话框，如图 8.2.3 所示，在该对话框中设置好新建专色通道的各项参数，再单击 确定 按钮，即可创建出新的专色通道，效果如图 8.2.4 所示。

图 8.2.3 "新建专色通道"对话框

图 8.2.4 创建的专色通道

注意：在"新建专色通道"对话框中的 密度(S): 选项只影响屏幕上的显示，而对打印无影响。

8.2.3　复制和删除通道

在进行图像处理时，有时需要对某个通道进行多个处理，从而获得特殊的视觉效果；或者需要复制图像文件中的某个通道并应用到其他图像文件中，这时就可以使用通道的复制。在 Photoshop 中，不仅可以对同一图像文件中的通道进行多次复制，也可以在不同的图像文件之间复制任意的通道。复制通道的方法有以下两种：

（1）用鼠标将需要复制的通道拖动到通道面板底部的"创建新通道"按钮 上，释放鼠标即可复制通道，如图 8.2.5 所示。

图 8.2.5　复制通道

（2）选中需要复制的通道，单击通道面板右上角的 按钮，在弹出的通道面板菜单中选择 复制通道... 命令，然后在弹出的如图 8.2.6 所示的对话框中设置通道的名称和复制通道的目标位置（当前文件或新建文件中），如果需要，可选中 反相(I) 复选框复制反相的通道。

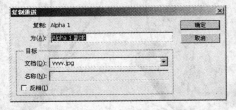

图 8.2.6　"复制通道"对话框

提示：若要在不同的文件之间复制通道，则要求源文件和目标文件的大小一致。如果两个文件的大小不一致，可以在"图像大小"对话框中进行设置。

在存储图像前删除不再需要的 Alpha 通道，不仅可以减小图像文件占用的磁盘空间，而且还可以提高图像文件的处理速度。删除通道的方法有以下 3 种：

（1）选择要删除的通道，在通道面板菜单中选择 删除通道 命令即可。

（2）选择要删除的通道，在通道面板底部单击"删除当前通道"按钮 ，可弹出如图 8.2.7 所示的提示框。单击 是(Y) 按钮，删除通道。

（3）将要删除的通道直接拖至通道面板底部的"删除当前通道"按钮 上可直接删除通道。

如果要删除某个原色通道，则会弹出如图 8.2.8 所示的提示框。询问是否要删除原色通道，单击 是(Y) 按钮删除通道。

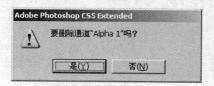

图 8.2.7 提示框   图 8.2.8 提示框

8.2.4 分离和合并通道

使用通道面板扩展菜单中的 分离通道 命令可以把一幅图像文件的通道拆分为单独的图像，原文件同时被关闭。分离通道的具体操作步骤如下：

（1）按 "Ctrl+O" 键，打开一幅 RGB 模式的图像文件。

（2）单击通道面板右上角的 "面板菜单" 按钮，在打开的面板菜单中选择 分离通道 命令，可以看到，分离后的各个文件都将以单独的窗口显示在屏幕上，具有相同的像素尺寸且均为灰度图，其文件名为原文件的名称加上通道名称的缩写，其原始图像与分离后的图像效果如图 8.2.9 所示。

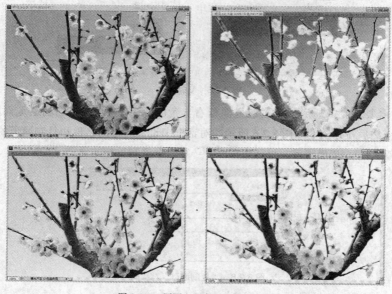

图 8.2.9 原图和分离后的通道图像

分离通道后，还可以将分离的灰度图像文件重新合成为原图像文件。这种方法也可以将不同的图像文件合成为一个图像文件，但是它们必须是尺寸和分辨率相同的灰度图像文件。合并通道的具体操作步骤如下：

（1）单击通道面板右上角的 "面板菜单" 按钮，在弹出的面板菜单中选择 合并通道... 命令，弹出 "合并通道" 对话框，如图 8.2.10 所示。

1）模式：选取要创建的颜色模式。适合模式的通道数量出现在 通道(C): 文本框中。

2）通道(C)：可在此文本框中输入一个数值，如 RGB 模式为 "3"，CMYK 模式为 "4"。如果输入的通道数量与选中模式不兼容，则将自动选中多通道模式，这将创建一个具有两个或多个通道的多通道图像。

（2）在此选择 RGB 颜色 模式，单击 确定 按钮，将弹出 "合并 RGB 通道" 对话框，用户可在该对话框中分别为三原色选定各自的原文件，如图 8.2.11 所示。

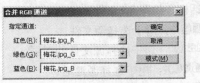

图 8.2.10 "合并通道"对话框   图 8.2.11 "合并 RGB 通道"对话框

（3）单击 ____确定____ 按钮，即可将分离后的图像通道转换为 RGB 通道，如图 8.2.12 所示。

图 8.2.12 合成通道效果

8.3 合 成 通 道

在 Photoshop CS5 中，用户可以使用 应用图像(Y)... 和 计算(C)... 命令，对图像文件中的通道进行合成操作。这里所说的通道可以是一个图像文件，也可以是多个图像文件。要想将两个或两个以上的图像文件作为通道进行合并，则需要先在 Photoshop CS5 中打开它们，并且它们还必须具有相同的尺寸和分辨率，这样才可以进行合并操作。

8.3.1 使用应用图像命令

应用图像命令可以将一幅图像的图层或通道混合到另一幅图像的图层或通道中，从而产生许多特殊效果。应用这一命令时必须保证源图像与目标图像尺寸相等，因为应用图像命令就是基于两幅图像的图层或通道重叠后，相应位置的像素在不同的混合方式下产生相互作用，从而产生不同的效果。其具体操作步骤如下：

（1）按"Ctrl+O"键，打开两个尺寸相等的图像文件，如图 8.3.1 所示。

图 8.3.1 打开的图像

（2）在通道面板中单击 RGB 复合通道，选择菜单栏中的 图像(I) → 应用图像(Y)... 命令，弹出"应用图像"对话框，如图 8.3.2 所示。

1）源(S)：：用于选择源文件。

2）图层(L)：：用于选择源文件的图层。

3）通道(C)：：用于选择源通道。

4）☑ 反相(I)：用于在处理前先反转通道内的内容。

5）目标：：显示出目标文件的文件名、层、通道及色彩模式等信息。

6）混合(B)：：用于选择混合模式，不同的混合模式，效果也不相同。

7）不透明度(O)：：用于调整合成图像的不透明度。

8）☑ 蒙版(K)...：用于加入蒙版以限定选区。

（3）设置好参数后，单击 确定 按钮，即可得到合成通道后的效果，如图 8.3.3 所示。

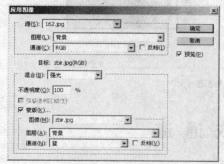

图 8.3.2　"应用图像"对话框

图 8.3.3　使用应用图像命令后图像的效果

8.3.2　使用计算命令

计算命令可以混合一个或多个原图像文件的两个独立通道，然后把计算结果存放到一个符合要求的图像文件中，也可以将它存为一个颜色通道或 Alpha 通道。这样就可以在需要时直接把该计算结果应用到一个新图像文件中，或者应用到当前图像文件的新通道和选区中。其具体操作步骤如下：

（1）按"Ctrl+O"键，打开两个尺寸相等的图像文件，如图 8.3.4 所示。

图 8.3.4　打开的图像

（2）选择菜单栏中的 图像(I) → 计算(C)... 命令，弹出"计算"对话框，如图 8.3.5 所示。

1）在 源 1(S)：或 源 2(U)：下拉列表中可以选择参与计算的第一个通道或第二个通道所在的图像文件。

2）在 图层(L)：和 图层(Y)：下拉列表中可以选择需要参与计算的图层，若要选择所有图层，可以选择合并。

3）在 通道(C): 和 通道(H): 下拉列表中可选择需要参与计算的通道。

4）在 不透明度(O): 输入框中输入数值，可改变计算时图层的不透明度。

（3）设置好参数后，单击 确定 按钮，即可得到合成通道后的效果，如图 8.3.6 所示。

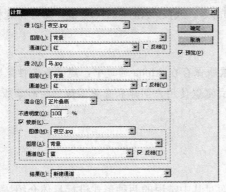

图 8.3.5　"计算"对话框

图 8.3.6　应用计算命令后图像的效果

8.4　图　像　蒙　版

在 Photoshop CS5 中，图像蒙版的用途非常多，它类似于我们生活中喷绘时使用的限制喷绘颜料范围的档板，下面对其进行具体介绍。

8.4.1　图像蒙版的作用

蒙版实际是一个具有 256 个色阶的灰度图像。对于图层蒙版中显示的蒙版缩览图，其中的白色区域为完全透明区，黑色区域为完全不透明区，灰色区域为半透明区。根据蒙版中的不同色阶，图像将会显示不同的蒙版效果。创建图像的蒙版后，可以通过蒙版屏蔽图像中不需要编辑的图像区域，或通过蒙版制作画面融合效果。

在 Photoshop CS5 中，蒙版的形式有 5 种，分别为通道蒙版、快速蒙版、图层蒙版、矢量蒙版以及剪贴蒙版。通道蒙版可以将创建的选区转换为蒙版并对其进行编辑。快速蒙版可以将任何选区作为蒙版进行编辑和查看图像，而无须使用通道。图层蒙版主要用于保护被屏蔽的图像区域，并可将部分图像处理成透明或半透明的效果。矢量蒙版是通过钢笔工具或形状工具创建的路径来遮罩图像的，它与分辨率无关，因此在进行缩放时可保持对象边缘光滑无锯齿。剪贴蒙版是由基层与内容层组成的一个特殊的相邻图层组合，通过使用基层的形状来限制内容层的显示。位于下方的图层起到蒙版的作用，位于上方的图层以下方的图层为蒙版，在视觉上显示为下形状和上内容。

8.4.2　创建图像蒙版

在 Photoshop CS5 中，创建蒙版的方法有以下几种：

（1）创建选区后，单击通道面板底部的"将选区存储为通道"按钮 ，可创建一个通道蒙版。

（2）创建选区后，选择菜单栏中的 选择(S) → 存储选区(V)... 命令，可创建一个通道蒙版。

（3）单击工具箱中的"以快速蒙版模式编辑"按钮 ，可创建一个快速蒙版。

（4）选择菜单栏中的 图层(L) → 图层蒙版(M) → 显示全部(R) 命令，或单击图层面板底部的"添加图层蒙版"按钮 ，可创建一个图层蒙版。

（5）选择菜单栏中的 图层(L) → 矢量蒙版(V) → 显示全部(R) 命令，可创建一个矢量蒙版。

（6）选择菜单栏中的 图层(L) → 创建剪贴蒙版(C) 命令，或按"Alt+Ctrl+G"键，即可将选择的图层与其下方的图层创建一个剪贴蒙版。

提示：前两种创建蒙版的方法，是将蒙版保存在 Alpha 通道中，建立永久性蒙版，可以在相同或不同的图像中重复使用。应用快速蒙版模式可以使用户创建和查看图像的临时蒙版，也可以将图像中的选区作为蒙版编辑。

8.4.3　使用和编辑蒙版

在 Photoshop CS5 中，蒙版的形式有 5 种，下面对其中常用的两种形式进行具体介绍。

1．快速蒙版

以快速蒙版模式编辑 可以说是选择区域的另外一种表现形式，选择的区域在图像中是以一圈闪动的虚线框来表示；在快速蒙版状态下，原先选择区域的虚线框不见了，而选择的部分与未被选择的部分会被一种"遮罩"的方式区分开来。快速蒙版适合临时性操作，单击工具箱中的"以快速蒙版模式编辑"按钮 ，此时在通道面板中会多一个如图 8.4.1 所示的"快速蒙版"通道，双击该通道将弹出"快速蒙版选项"对话框，如图 8.4.2 所示。

图 8.4.1　通道面板　　　　图 8.4.2　"快速蒙版选项"对话框

"快速蒙版选项"对话框中的各选项参数介绍如下：

（1）**色彩指示**：此选项区用于选择颜色的显示方式。选中 被蒙版区域(M) 单选按钮，表示在新通道中不透明的区域为被遮盖的部分，透明的区域为选择的区域；选中 所选区域(S) 单选按钮，表示在新通道中透明的区域为被遮盖的部分，不透明的区域为选择的区域。

（2）**颜色**：此选项区用于设置操作所使用的颜色和颜色的不透明度。默认颜色块为红色，单击颜色块即可更改颜色；在 不透明度(O)： 文本框中可以设置所选颜色的不透明度，也就是该颜色对应的蒙版阻光度，默认为"50%"。

设置好各选项参数后，用户可以使用画笔工具在图像内拖曳鼠标绘制选择区域，单击工具箱中的"以标准模式编辑"按钮 ，将会切换到标准模式，通道面板中的"快速蒙版"通道也会消失。

注意：在编辑快速蒙版时尽量不要使用软边笔刷，否则不能创建一个精确的选区。

2. 矢量蒙版

使用工具箱中的钢笔工具和自定形状工具可以创建矢量蒙版,添加和删除矢量蒙版需要通过选择菜单栏中的 图层(L) → 矢量蒙版(V) 命令的子菜单来实现,如图 8.4.3 所示。

(1) 显示全部(R) :选择此命令后可生成白色矢量蒙版,图层中的图像将会全部显示出来,如图 8.4.4 所示。

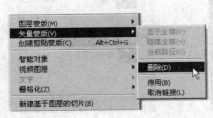

图 8.4.3 "矢量蒙版"子菜单   图 8.4.4 选中"显示全部"命令后的图层面板

(2) 隐藏全部(H) :选择此命令后可生成灰色矢量蒙版,图层中的图像将会全部被屏蔽,如图 8.4.5 所示。

(3) 当前路径(U) :选择此命令后可将当前选择的路径转化为图层矢量蒙版,如图 8.4.6 所示。

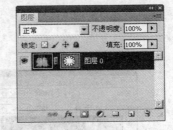

图 8.4.5 选中"隐藏全部"命令后的图层面板   图 8.4.6 选中"当前路径"命令后的图层面板

(4) 删除(D) :此命令用于取消矢量蒙版。

(5) 停用(B) :选择此命令后,矢量蒙版将不起作用。

(6) 启用(B) :选择此命令后,矢量蒙版将重新起作用。

8.5 应用实例——制作唯美冬景效果

本节主要利用所学的知识制作唯美冬景效果,最终效果如图 8.5.1 所示。

图 8.5.1 最终效果图

操作步骤

（1）按"Ctrl+O"键，打开一幅风景图像，如图8.5.2所示。

（2）选择菜单栏中的 窗口(W) → 通道 命令，打开通道面板，选中面板中的绿色通道，如图8.5.3所示。

图 8.5.2　打开的风景图像

图 8.5.3　选中绿色通道

（3）按"Ctrl+A"键全选绿色通道，然后按"Ctrl+C"键复制绿色通道。

（4）新建图层1，按"Ctrl+V"键将复制的绿色通道粘贴到图层1中，效果如图8.5.4所示。

（5）单击图层面板下方的"添加调整图层"按钮 ，从弹出的子菜单中选择 色阶... 命令，打开色阶面板，设置其参数如图8.5.5所示。

图 8.5.4　复制绿色通道

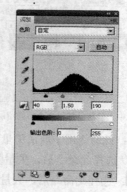

图 8.5.5　色阶面板

（6）复制一个背景图层副本，并将其拖曳至色阶调整层的上方，然后将该图层的混合模式设置为"颜色"、不透明度设置为"40%"，效果如图8.5.6所示。

图 8.5.6　编辑背景图层副本效果

（7）将图层 1 作为当前图层，按"Ctrl+A"键全选图像，然后选择菜单栏中的 选择(S) → 变换选区(T) 命令，再按住"Shift+Alt"键缩小选区，效果如图8.5.7所示。

（8）单击图层面板底部的"添加图层蒙版"按钮 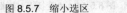，创建一个图层蒙版，如图 8.5.8 所示。

图 8.5.7　缩小选区

图 8.5.8　添加图层蒙版

（9）将背景层作为当前图层，选择菜单栏中的 图像(I) → 调整(A) → 色阶(L)... 命令，弹出"色阶"对话框，设置其对话框参数如图 8.5.9 所示。设置好参数后，单击 确定 按钮关闭该对话框。

（10）双击图层 1，打开色阶调整面板，更改其面板参数如图 8.5.10 所示，得到的图像效果如图 8.5.11 所示。

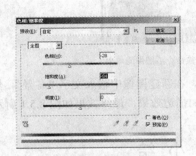

图 8.5.9　"色阶"对话框

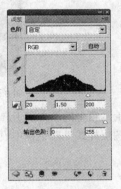

图 8.5.10　色阶调整面板

（11）将背景层作为当前图层，选择菜单栏中的 滤镜(T) → 渲染 → 纤维... 命令，弹出"纤维"对话框，设置其对话框参数如图 8.5.12 所示。

图 8.5.11　更改色阶参数效果

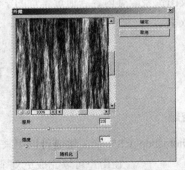

图 8.5.12　"纤维"对话框

（12）设置好各选项参数后，单击 确定 按钮，应用纤维滤镜后的图像效果如图 8.5.13 所示。

（13）将图层 1 作为当前图层，选择菜单栏中的 图像(I) → 调整(A) → 变化... 命令，弹出"变换"对话框，设置其对话框参数如图 8.5.14 所示。

图 8.5.13 应用纤维滤镜后图像的效果

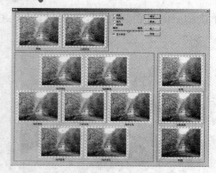

图 8.5.14 "变换"对话框

（14）设置好参数后，单击按钮，应用变换命令后图像的效果如图 8.5.15 所示。

图 8.5.15 应用变换命令后图像的效果

（15）单击工具箱中的"文字工具"按钮 $\boxed{T}$ ，在新建图像中输入文字"冬景"，然后双击文字图层，在弹出的"图层样式"对话框中设置文字添加描边效果，最终效果如图 8.5.1 所示。

本 章 小 结

本章主要介绍了 Photoshop CS5 中通道与蒙版的应用及操作，包括通道概述、通道的基本操作、合成通道以及图像蒙版等内容。通过本章的学习，读者应该熟练掌握通道与蒙版的创建及编辑技巧，以提高工作效率。

实 训 练 习

一、填空题

1. 在 Photoshop CS5 中，通道可以用来存储不同类型信息的灰度图像，通道还可以用来存放_____和_____，让用户可以完成更复杂的操作和控制图像的特定部分。

2. 在 Photoshop CS5 中，利用通道面板可以创建_____通道和_____通道。

3. 在 Photoshop CS5 中有两个图像合成命令，分别是_____和_____。

4. 在 Photoshop CS5 中包含 5 种类型的通道，即_____通道、_____通道、_____通道、_____通道和_____通道。

5. 在 Photoshop CS5 中，蒙版的形式有 5 种，分别为_____蒙版、_____蒙版、_____

蒙版、_____蒙版和_____蒙版。

二、选择题

1. 在通道面板中，（　　）通道不能更改其名称。
   （A）Alpha
   （B）专色
   （C）复合
   （D）单色

2. 在通道面板上，[　○　]按钮的作用是（　　）。
   （A）将通道作为选区载入
   （B）将选区存储为通道
   （C）创建新的通道
   （D）删除通道

3. 利用[分离通道]命令可以将图像中的通道分离为几个大小相等且独立的（　　）文件。
   （A）灰度图像
   （B）位图图像
   （C）黑白图像
   （D）彩色图像

4. 在通道面板上，可以按住（　　）键在面板中单击需要载入选区的通道来载入通道选区。
   （A）Ctrl
   （B）Shift+Alt+G
   （C）Alt
   （D）Shift

5. 在创建新通道时，按住（　　）键的同时单击通道面板中的"创建新通道"按钮[　]，可创建一个专色通道。
   （A）Shift
   （B）Shift+ Ctrl
   （C）Ctrl
   （D）Alt

三、简答题

1. 简述通道与蒙版的类型。
2. 在 Photoshop CS5 中，如何将打开的两幅图像合成为一幅图像？

四、上机操作题

1. 打开一个图像文件，练习使用蒙版精确选择某区域。
2. 利用本章所学的知识，制作一个图像融合效果。

第 9 章　路径、形状与动作的应用

在 Photoshop CS5 中，使用路径和形状可以精确地定义图像区域，并将这些区域保存起来，以便以后重复使用，还可以使用动作高效地完成图像的处理工作。

知识要点

- 创建与编辑路径
- 绘制与编辑形状
- 动作的应用

9.1　创建与编辑路径

Photoshop 的矢量功能主要体现在路径和矢量形状上，在 Photoshop 中创建的路径和矢量图形不会受到分辨率的限制，在进行旋转和缩放时不会出现锯齿。

9.1.1　路径的基础知识

路径是由多节点的矢量线条构成的，绘制的路径图形为矢量图，不包含像素，因此可随意对其进行放大、缩小，还可以沿着路径进行颜色填充和描边，也可将其转换为选区，从而对图像的选区进行处理。下面介绍一些有关路径的概念。

（1）锚点：锚点是由钢笔工具创建的，是一个路径上带有方形格子的点。

（2）平滑点：平滑点是将线段和另一个线段以弧线连接起来的点，用户只要拖动线段即可添加一个平滑点，如图 9.1.1 所示。

（3）方向线和方向点：在曲线上每个选中的锚点显示一条或两条方向线，方向线以方向点结束。

（4）角点：在绘制了一条曲线后，按住 "Alt" 键拖动平滑点，可将平滑点转换成带有两个独立方向线的角点，然后在不同的位置拖动，将创建一个与先前曲线弧度相反的曲线，在这两个曲线段之间的点就称为角点，如图 9.1.2 所示。

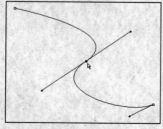

图 9.1.1　平滑点

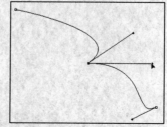

图 9.1.2　角点

（5）端点：路径的起始点和终点都是路径的端点。

路径可以是闭合的，没有起点和终点（如圆圈），也可以是开放的，有明显的终点（如波浪线），如图 9.1.3 所示。

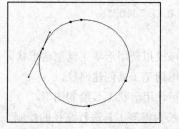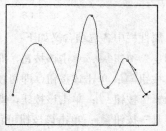

图 9.1.3　绘制闭合路径和开放路径

9.1.2　认识路径面板

用户可以在创建路径后，结合使用路径面板对创建的路径进行复制、删除等编辑操作和描边、填充等效果的处理。选择菜单栏中的 窗口(W) → 路径 命令，即可打开路径面板，如图 9.1.4 所示。

路径面板中各选项含义介绍如下：

（1）路径缩略图：在该区域即可预览创建的路径，并在缩略图后显示路径名称。

（2）"用前景色填充路径"按钮 ●：单击该按钮，即可用当前的前景色填充工作路径。

（3）"用画笔描边路径"按钮 ○：单击该按钮，即可使用画笔工具对当前路径进行描边处理。

（4）"将路径作为选区载入"按钮 ○：单击该按钮，即可将当前工作路径转换为选区。

（5）"从选区生成工作路径"按钮 ◇：单击该按钮，即可将创建的选区转换为路径。

（6）"创建新路径"按钮 ▣：单击该按钮，即可创建一个新路径。如果已创建了一个工作路径，拖动路径缩略图中的路径至该按钮，即可复制当前工作路径。

（7）"删除当前路径"按钮 🗑：单击该按钮，即可删除当前选中的路径，也可以拖动路径缩略图中的路径至该按钮来删除路径。单击路径面板右上角的 ≣ 按钮，弹出路径下拉菜单，如图 9.1.5 所示。用户可以在该下拉菜单中选择相应的命令对路径进行编辑和其他效果处理。

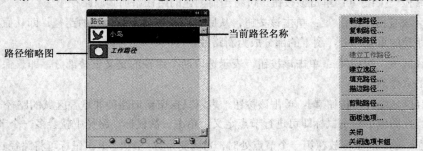

图 9.1.4　路径控制面板　　　　图 9.1.5　路径下拉菜单

如果想隐藏路径控制面板，再次选择菜单栏中的 窗口(W) → 路径 命令即可。

9.1.3　创建和调整路径

在 Photoshop CS5 中，可以使用钢笔工具和自由钢笔工具绘制路径，下面对其进行具体介绍。

1. 钢笔工具

使用工具箱中的钢笔工具 🖋 可以在图像中创建任意形状的路径，其属性栏如图 9.1.6 所示。

图 9.1.6 "钢笔工具"属性栏

"钢笔工具"属性栏中各选项含义如下：

（1）"形状图层"按钮▢：单击该按钮，即可模拟使用形状工具创建形状。

（2）"路径"按钮▢：单击该按钮，即可使用钢笔工具创建路径。

（3）"填充像素"按钮▢：单击该按钮，即可使用形状工具绘制图形。

（4）"钢笔工具"按钮✎：单击该按钮可转换为钢笔工具进行路径的绘制。

（5）"自由钢笔工具"按钮✐：单击该按钮可转换为自由钢笔工具，该工具模拟以手绘方式绘制路径。

（6）"矩形工具"按钮▢：单击该按钮可转换为矩形工具，使用该工具可以创建矩形及矩形形状的路径。

（7）"圆角矩形工具"按钮▢：单击该按钮可转换为圆角矩形工具，使用该工具可以创建圆角矩形及该形状的路径。

（8）"椭圆工具"按钮⬭：单击该按钮可转换为椭圆工具，使用该工具可以创建椭圆形及该形状的路径。

（9）"多边形工具"按钮⬠：单击该按钮可转换为多边形工具，使用该工具可以创建多边形及该形状的路径。

（10）"直线工具"按钮╱：单击该按钮可转换为直线工具，使用该工具可以创建直线及直线形的路径。

（11）"自定义形状工具"按钮▨：单击该按钮可转换为自定义形状工具，使用该工具可以创建各种形状或该形状的路径。

（12）▣ 自动添加/删除 ：选中该复选框，将鼠标移至路径上即可自动添加锚点或删除锚点。

（13）▣▣▣▣ ：该选项区用于设置路径之间的结合方式。各按钮的功能分别介绍如下：

1）"添加到路径"按钮▢：单击该按钮，可将当前创建的路径添加到原路径中去。

2）"从路径区域减去"按钮▢：单击该按钮，从原有路径中减去新创建的路径，即从原路径中减去新路径与原路径的重叠部分，剩下的部分成为新路径。

3）"交叉路径区域"按钮▢：单击该按钮，表示选取两个路径的交叉重叠部分，即仅保留新创建路径与原路径的重叠部分。

4）"重叠路径区域除外"按钮▢：单击该按钮，表示只保留新旧路径非重叠区域的路径。

设置好参数后，在图像中单击鼠标即可进行节点定义，单击一次鼠标，路径中就会多一个节点，同时节点之间连接在一起，当鼠标放在第一个节点处时，光标变为▧形状，单击鼠标可将路径封闭，如图 9.1.7 所示。

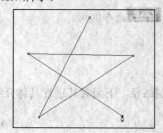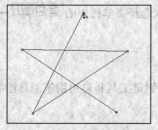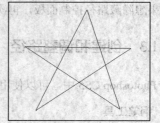

图 9.1.7　使用钢笔工具创建的路径

2. 自由钢笔工具

自由钢笔工具类似于绘图工具中的画笔、铅笔等，此工具根据鼠标拖动轨迹建立路径。要使用自由钢笔工具绘制路径，其具体的操作方法如下：

（1）单击工具箱中的"自由钢笔工具"按钮 ，其属性栏如图 9.1.8 所示。

图 9.1.8 "自由钢笔工具"属性栏

（2）单击属性栏中的"几何选项"按钮 ，可弹出 **自由钢笔选项** 面板，如图 9.1.9 所示。

（3）在 **曲线拟合:** 输入框中输入数值，可设置创建路径上的锚点数量，数值越大，路径上的锚点就越少。

（4）在图像中拖动鼠标可产生一条路径尾随指针效果，释放鼠标即可创建工作路径，如图 9.1.10 所示。

图 9.1.9 "自由钢笔选项"面板　　　　　图 9.1.10 使用自由钢笔工具绘制路径

（5）如果要继续手绘现有路径，可将自由钢笔工具移至路径的一个端点，按住鼠标左键拖动。

（6）要创建闭合路径，移动鼠标至起始点单击即可。

在"自由钢笔工具"属性栏中选中 **磁性的** 复选框，表明此时的自由钢笔工具具有磁性。磁性钢笔工具的功能与磁性套索工具基本相同，可以自动寻找图像的边缘，其差别在于使用磁性钢笔工具生成的是路径，而不是选区。在图像边缘单击，确定第一个锚点，然后沿着图像边缘拖动，即可自动沿边缘生成多个锚点，当鼠标移至第一个锚点时，单击可形成闭合路径，如图 9.1.11 所示。

图 9.1.11 使用磁性钢笔工具绘制路径

9.1.4 编辑路径

绘制好初步路径后，可以使用工具箱中的添加锚点工具、删除锚点工具、转换点工具、路径选择工具、直接选择工具调整路径，也可以对创建的路径进行复制、删除和变换操作，从而得到最终所需的路径。

1．选择并移动路径

单击工具箱中的"直接选择工具"按钮 ，可用来移动路径中的锚点和线段，也可以调整方向线和方向点，在调整时对其他的点或线无影响。用直接选择工具选择路径有以下 3 种方法：

（1）若要选择整条路径，在选择路径的同时按住"Alt"键，然后单击该路径。

（2）直接用鼠标拖曳出一个选框围住要选择的路径部分。

（3）若要连续选择多个路径，可在选择时按住"Shift"键，然后单击需要选择的每一个路径。

使用路径选择工具 可以选中已创建路径中的所有锚点，拖动鼠标即可将该路径拖动至图像中的其他位置，如图 9.1.12 所示。

图 9.1.12　使用路径选择工具选取并移动路径

2．复制路径

复制路径的方法有以下 3 种：

（1）如果在图像中已创建好一个路径，则选择路径选择工具，按住"Alt"键的同时拖动该路径到合适位置，即可完成路径的复制，如图 9.1.13 所示。

图 9.1.13　复制路径效果

（2）如果在图像中已创建好一个路径，则拖动该路径至"新建"按钮 上，即可复制该路径。

（3）如果在图像中已创建好一个路径，则单击路径面板右侧的 按钮，从弹出的下拉菜单中选择 复制路径… 命令，也可以完成路径的复制。

3．调整路径

在 Photoshop CS5 中，可以使用添加锚点工具、删除锚点工具、转换锚点工具对路径上的锚点进行编辑。具体操作方法如下：

（1）单击工具箱中的"添加锚点工具"按钮 ，在原有的路径上单击鼠标，就会在路径中增加一个锚点，如图 9.1.14 所示。

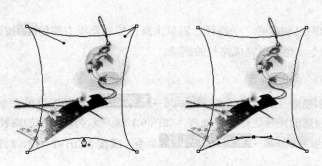

图 9.1.14　添加锚点效果

（2）使用删除锚点工具可以将路径中多余的锚点删除，锚点越少，处理出的图像越光滑，单击工具箱中的"删除锚点工具"按钮 ，将光标放在需要删除的锚点处单击锚点就被删除了，如图 9.1.15 所示。

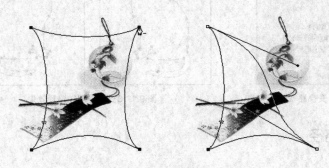

图 9.1.15　删除锚点效果

（3）使用转换点工具可以修改路径中的锚点，使路径精确，单击工具箱中的"转换锚点工具"按钮 ，在路径中单击鼠标，锚点的句柄将被显示出来，将鼠标放在句柄上时，鼠标光标变为 ⼘ 形状，此时就可以对锚点进行编辑，如图 9.1.16 所示。

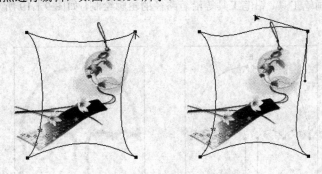

图 9.1.16　转换锚点效果

4．删除路径

删除路径的方法有以下 3 种：

（1）如果在图像中已创建好一个路径，可使用路径选择工具选中该路径，按"Delete"键直接删除该路径。

（2）如果在图像中已创建好一个路径，则拖动该路径至"删除当前路径"按钮 🗑 上，即可将该路径删除。

（3）如果在图像中已创建好一个路径，则单击路径控制面板右侧的 ▤ 按钮，从弹出的下拉菜单中选择 删除路径 命令，也可以完成路径的删除。

5. 变换路径

当用户在图像中创建路径后，可以在 编辑(E) → 变换路径 命令的子菜单命令中（见图 9.1.17）选择任意一种命令，对创建的路径进行变换处理，如图 9.1.18 所示为对绘制的路径应用水平翻转效果。也可以选择菜单栏中的 编辑(E) → 自由变换路径(F) 命令，或按"Ctrl+T"键，对选中的路径进行自由变换操作。

图 9.1.17 "变换路径"子菜单   图 9.1.18 水平翻转路径效果

9.1.5 应用路径

使用路径工具绘制出路径后，可以为其填充颜色，也可以为其边缘描绘颜色，还可以将其转换为选区。

1. 描边路径

描边路径是指用画笔工具、铅笔工具等沿着路径的轮廓绘制，如图 9.1.19 所示的是使用画笔工具对路径描边的效果。

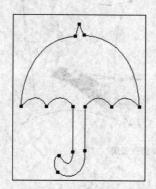

图 9.1.19 描边路径效果

在绘画的过程中，如果很难用鼠标拖动绘制出满意的曲线，可以先使用绘制路径的工具绘制出曲线路径，然后用画笔、铅笔等绘图工具沿着路径描边。

路径描边的操作步骤如下：

（1）在路径面板中选择需要描边的路径。

（2）使用路径选择工具在图像窗口中选中要描边的路径组件（如不选择，则会对路径中的所有组件描边）。

（3）按住"Alt"键的同时单击路径面板底部的"用画笔描边路径"按钮 ，弹出如图 9.1.20 所示的"描边路径"对话框，在 铅笔 下拉列表中选择一种工具进行描边，如选择 画笔 选项，单击 确定 按钮，即可使用画笔工具对路径进行描边。

图 9.1.20　"描边路径"对话框

2. 填充路径

填充路径是用指定的颜色和图案来填充路径内部的区域。在进行填充前，应注意要先设置好前景色或背景色；如果要使用图案填充，则应先将所需的图像定义成图案。下面通过一个例子来介绍路径的填充，具体的操作方法如下：

（1）首先在图像中创建需要进行填充的路径，如图 9.1.21 所示。

图 9.1.21　绘制的路径及路径面板

（2）单击路径面板右上角的 按钮，在弹出的路径面板菜单中选择 填充路径... 命令，可弹出如图 9.1.22 所示的"填充路径"对话框。

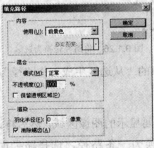

图 9.1.22　"填充路径"对话框

（3）在 使用(U): 下拉列表中选择所需的填充方式，如选择用图案填充，并将其 不透明度(O): 设为"90%"，单击 确定 按钮，效果如图 9.1.23 所示。

技巧：单击路径面板底部的"用前景色填充路径"按钮 ，即可直接使用前景色填充路径，效果如图 9.1.24 所示。

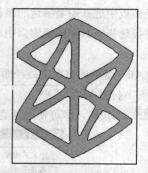

图 9.1.23　使用图案填充路径后图像的效果　　　图 9.1.24　使用前景色填充路径后图像的效果

3．路径与选区的转换

在 Photoshop CS5 中，将路径转换为选区的方法有以下 4 种：

（1）在路径面板上选择需要转换的路径，然后单击"将路径作为选区载入"按钮 ⃝ ，即可将该路径转换为选区。

（2）用鼠标直接将需要转换的路径拖动到"将路径作为选区载入"按钮 ⃝ 上，也可将路径转换为选区。

（3）选择需要转换的路径，然后单击路径面板右上方的 ▤ 按钮，在弹出的路径面板菜单中选择 建立选区... 命令，弹出"建立选区"对话框，如图 9.1.25 所示。在该对话框中可设置需要转换的路径所在选区的相关参数，单击 确定 按钮，即可将路径转换为选区。

（4）按住"Ctrl"键的同时单击路径面板上需要转换的路径，即可快速地将路径转换为选区，效果如图 9.1.26 所示。

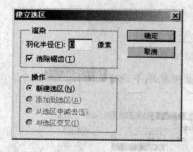
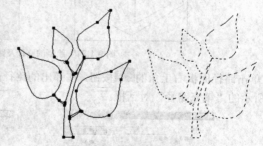

图 9.1.25　"建立选区"对话框　　　　　　图 9.1.26　将路径转换为选区

若要将创建的选区转换为路径，单击路径面板底部的"从选区生成工作路径"按钮 ◇ 即可。

4．输出剪贴路径

在输出剪贴路径时，首先要绘制工作路径，以定义要显示的图像区域，然后将该工作路径拖至路径面板底部的"创建新路径"按钮 ◩ 上，将它转换为一条路径，选择路径面板下拉菜单中的 剪贴路径... 命令，可弹出"剪贴路径"对话框，如图 9.1.27 所示。

图 9.1.27　"剪贴路径"对话框

"剪贴路径"对话框中的各选项含义介绍如下：

（1）在 **路径:** 下拉列表中可选择所要剪贴的路径。

（2）在 **展平度(E):** 输入框中输入数值，可设置填充输出路径之内图像的边缘像素，该取值范围在 0.2～100 之间。展平度值越低，用于绘制曲线的直线数量就越多，曲线也就越精确。通常，对于高分辨率打印（1 200～2 400 dpi），建议使用 8～10 之间的展平度设置；对于低分辨率打印（300～600 dpi），建议使用 1～3 之间的展平度设置。

单击 **确定** 按钮，即可输出剪贴路径，此时就可以将图像保存为.TIF（或.EPS，.DCS）的图像格式，然后插入到 PageMaker 软件中使用。

9.2　绘制与编辑形状

在 Photoshop CS5 中，提供了一些预设好的图形形状，使用相应的工具即可绘制出相应的图形或路径。

9.2.1　认识形状工具组

形状工具组包括矩形工具 、圆角矩形工具 、椭圆工具 、多边形工具 、直线工具 和自定义形状工具 ，使用形状工具组可以创建各种规则路径和形状，效果如图 9.2.1 所示。

绘制的路径　　　　　　　　　　绘制的图形

图 9.2.1　使用形状工具组创建的路径及图形

使用形状工具组不仅能创建路径和形状，当用户在形状工具属性栏中单击"填充像素"按钮 时，还可以将该工具转换为绘图工具并以前景色绘制图形。

9.2.2　绘制和编辑图形

在 Photoshop CS5 中，可以通过各种形状工具及其属性栏绘制和编辑图形和路径，下面对其进行具体介绍。

1．矩形工具

矩形工具主要用于绘制矩形图形。单击工具箱中的"矩形工具"按钮 ，其属性栏显示如图 9.2.2 所示。

图 9.2.2　"矩形工具"属性栏

"矩形工具"属性栏中的各选项含义介绍如下：

　　▣：单击此按钮，可在图像中创建形状图层，形状图层会自动填充当前的前景色。

　　▨：单击此按钮，可创建工作路径，并显示在路径面板中。

　　▢：单击此按钮，可直接在图层中绘制，与绘画工具的功能非常类似。

　　▢◯◯◯╱⊗：该组工具可以直接用来绘制矩形、椭圆形、多边形、直线等形状。

　　"自定义形状"按钮⊗：单击该按钮右侧的下拉按钮▾，打开矩形选项面板，如图 9.2.3 所示。该面板中各选项含义与矩形选框工具相同。

　　▣◰◳◲：这 4 个按钮从左到右分别是相加、相减、相交和反交，与选框工具属性栏中的相同，这里不再赘述。

　　"锁定"按钮⊞：单击该按钮，即可锁定或清除锁定目标图层的属性。

　　样式▣▾：单击该选项右侧的下拉按钮▾，弹出样式下拉列表，如图 9.2.4 所示，用户可以在该列表中选择系统自带的样式绘制图形。

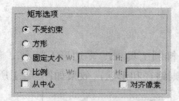

图 9.2.3　矩形选项面板

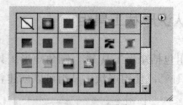

图 9.2.4　样式下拉列表

　　颜色：▢：单击其右侧的色块，弹出"拾色器"对话框，用户可以在拾色器中选择颜色设置形状的填充色。

　　选择矩形工具后，按住"Shift"键在新建图像中拖动鼠标即可创建一个正方形，使用该工具绘制的图形如图 9.2.5 所示。

图 9.2.5　使用矩形工具绘制的图形

2．圆角矩形工具

　　圆角矩形工具用于绘制圆角矩形。单击工具箱中的"圆角矩形工具"按钮▣，其属性栏如图 9.2.6 所示。

图 9.2.6　"圆角矩形工具"属性栏

　　"圆角矩形工具"属性栏与矩形工具属性栏基本相同，在半径：文本框中输入数值可设置圆角的大小，当数值为"0"时，其功能与矩形工具相同。使用圆角矩形工具在图像中绘制的图形效果如图 9.2.7 所示。

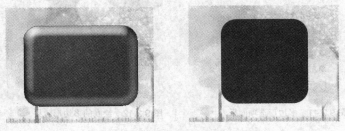

图 9.2.7 使用圆角矩形工具绘制的图形

3. 椭圆工具

椭圆工具用于绘制椭圆和圆形。单击工具箱中的"椭圆工具"按钮 ，其属性栏如图 9.2.8 所示。

图 9.2.8 "椭圆工具"属性栏

"椭圆工具"属性栏与矩形工具属性栏完全相同，使用椭圆工具在新建图像中绘制的图形效果如图 9.2.9 所示。

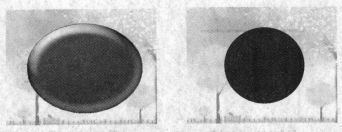

图 9.2.9 使用椭圆工具绘制的图形

4. 多边形工具

多边形工具用于绘制各种边数的多边形。单击工具箱中的"多边形工具"按钮 ，其属性栏如图 9.2.10 所示。

图 9.2.10 "多边形工具"属性栏

"多边形工具"属性栏中提供了一个"边"选项，在 边: 输入框中输入数值，可以确定多边形或星形的边数。

在"多边形工具"属性栏中单击"几何选项"按钮 ，打开如图 9.2.11 所示的多边形选项面板，该面板中各选项含义介绍如下：

在 半径: 输入框中输入数值，可指定多边形的半径。

选中 ☑ 平滑拐角 复选框，可以平滑多边形的拐角，使绘制出的多边形的角更加平滑。

选中 ☑ 星形 复选框，可设置并绘制星形。

在 缩进边依据: 输入框中输入数值，可设置星形缩进边所用的百分比。

选中 ☑ 平滑缩进 复选框，可以平滑多边形的凹角。

使用多边形工具在新建图像中绘制的图形效果如图 9.2.12 所示。

图 9.2.11　多边形选项面板　　　　图 9.2.12　绘制的多边形效果

5. 直线工具

直线工具主要用于绘制线段和箭头。单击工具箱中的"直线工具"按钮，其属性栏如图 9.2.13 所示。在图像窗口中拖动鼠标，即可绘制一条直线，如图 9.2.14 所示。

图 9.2.13　"直线工具"属性栏

在"直线工具"属性栏中单击"几何选项"按钮，可弹出"箭头"选项面板，如图 9.2.15 所示。

图 9.2.14　绘制直线　　　　图 9.2.15　"箭头"选项面板

选中 起点 或 终点 复选框，可在起点或终点位置绘制出箭头。

在 宽度: 输入框中输入数值，可设置箭头宽度，取值范围在 10%～1 000%之间。

在 长度: 输入框中输入数值，可设置箭头长度，取值范围在 10%～5 000%之间。

在 凹度: 输入框中输入数值，可设置箭头凹度，取值范围在-50%～50%之间。

使用直线工具在新建图像中绘制的图形效果如图 9.2.16 所示。

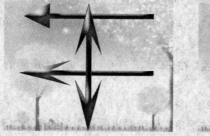

图 9.2.16　绘制带箭头的直线

6. 自定形状工具

自定形状工具用于绘制各种特殊形状或自定义的形状。自定形状工具的使用方法同其他形状工具的使用方法一样，单击工具箱中的"自定形状工具"按钮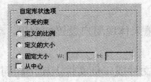，其属性栏参数如图 9.2.17 所示。

图 9.2.17 "自定形状工具"属性栏

单击"自定形状"按钮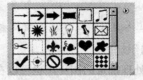右侧的下拉按钮，打开自定形状选项面板，如图 9.2.18 所示。该面板中各选项含义与矩形选框工具相同。

单击 形状: 右侧的 按钮，将弹出自定形状下拉列表，如图 9.2.19 所示。

图 9.2.18 自定形状选项面板   图 9.2.19 自定形状下拉列表

用户可以单击该列表右侧的 按钮，从弹出的下拉菜单中选择相应的命令进行载入形状和存储自定形状等操作，如图 9.2.20 所示。

使用自定形状工具绘制的图形效果如图 9.2.21 所示。

图 9.2.20 加载自定图形   图 9.2.21 使用自定形状工具绘制的图形效果

9.3 动作的应用

动作是 Photoshop 应用中最富魅力的功能之一，结合批处理功能可以将成千上万的图片按照自己的想法快速地进行编辑，从而大大提高了工作效率，减轻了劳动强度。

9.3.1 认识动作

动作就是播放单个文件或一批文件的一系列命令，大多数命令和工具操作都可以记录在动作中。动作可以包含停止，使用户可以执行无法记录的任务（如使用绘图工具等）。动作也可以包含模态控制，使用户在播放动作时在对话框中输入数值。动作是快捷批处理的基础，而快捷批处理是小应用程序，可以自动处理拖曳到其图标上的所有文件。只要善于利用动作和批处理功能，就可以大大提高工作效率。

9.3.2 认识动作面板

用户在实际处理图像的过程中，常需要对大量的图像进行相同的操作，如果单独对每个图像依次进行处理，不仅速度慢，而且容易发生错误，因此在 Photoshop 中引入了动作面板。动作面板具有以下主要功能：

（1）可以将一系列命令组合为单个动作，从而使执行任务自动化，这个动作可以在以后的应用中反复使用。

（2）可以创建一个动作，该动作应用一系列滤镜来体现用户设置的效果，动作可被编组为序列，以帮助用户更好地组织动作。

（3）可以同时处理批量的图片，也可以在一个文件或一批文件上使用相同的动作。

（4）可以记录、播放、编辑和删除个别动作，还可以存储和载入动作文件。

在 Photoshop CS5 中要显示动作面板，可选择菜单栏中的 窗 口(W) → 动作 命令或按"Alt+F9"键，即可打开动作面板，如图 9.3.1 所示。

图 9.3.1　动作面板

动作面板中的各选项参数介绍如下：

（1） 默认动作 ：默认动作是 Photoshop 内建的动作集合，包含多个动作序列，可以直接对照片进行羽化、投影灯特效处理。单击 ▷ 小三角可展开该序列查看，展开的动作正是 Photoshop 动作的核心，Photoshop 就会将这步操作录制下来，并建立一个与操作相应的动作名称。以后的动作播放就是对另外的图像重复这些操作。

（2）"切换对话开/关"按钮 ：用于选择在动作执行时是否弹出各种对话框或菜单。此按钮显示时，表示弹出对话框；隐藏时，表示忽略对话框，动作按照以前设置的参数执行。

（3）"切换项目开/关"按钮 ：用于选择要执行的动作，在一个动作组前面打勾或取消打勾，表示执行或跳过这个动作组中的所有动作；在一个动作序列前打勾或取消打勾，表示这个序列内的所有动作组和动作都被执行或跳过；只在一个或几个动作前打勾或取消打勾，表示只执行或跳过该动作。

（4）单击动作面板右上角的"面板菜单"按钮 ，可弹出面板菜单，从中可选择动作库的名称、动作的状态等，还可对动作进行编辑。

（5）"播放选定的动作"按钮 ：此按钮可对新图像执行已被选择的动作。

（6）"停止播放/记录"按钮 ：当播放动作时，单击此按钮停止播放；当录制动作时，单击此按钮停止录制。

（7）"开始记录"按钮 ：单击此按钮，按钮显示为红色，Photoshop 进入动作录制状态；单击"停止播放/记录"按钮可退出录制状态。当新建一个动作时，录制按钮自动按下并显示为红色，表示自动进入录制状态。

（8）"创建新组"按钮　：单击此按钮，将在一个序列下产生一个新的动作组，它与前一个动作组同属于一个动作序列。

（9）"创建新动作"按钮　：单击此按钮，可以新建一个动作。

（10）"删除动作"按钮　：将一个动作序列拖曳到该按钮上，将删除整个序列；将一个动作组拖曳到该按钮上，删除这个动作组；将一个展开动作拖曳到该按钮上，将删除该动作。

9.3.3　创建并记录动作

在多数情况下，需要创建自定义的动作以满足不同的工作需求。要创建并记录动作的具体操作步骤如下：

（1）单击动作面板下方的"创建新组"按钮　，弹出如图 9.3.2 所示的"新建组"对话框，在其对话框中输入组名称后单击　确定　按钮。此操作并非必须，可以根据自己的实际需要确定是否需要创建一个放置新动作的组。

（2）单击动作面板中的"创建新动作"按钮　，或者单击动作面板右上角的"面板菜单"按钮　，在弹出的菜单中选择　新建动作...　命令，均会弹出"新建动作"对话框，如图 9.3.3 所示。

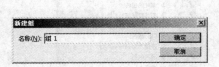

图 9.3.2　"新建组"对话框　　　　　图 9.3.3　"新建动作"对话框

1）**名称(N)**：在此文本框中输入"新动作"的名称。

2）**组(E)**：在此下拉列表中选择"新动作"所放置的组名称。

3）**功能键(F)**：在此下拉列表中选择一个功能键，从而实现通过功能键应用该动作的功能。

4）**颜色(C)**：在此下拉列表中选择一种颜色作为动作面板在按钮显示模式下新动作的颜色。

（3）设置好相关参数后，单击　记录　按钮，此时"开始记录"按钮　自动被激活为红色，表示进入动作的录制阶段。

（4）执行需要录制在当前动作中的命令。

（5）执行完所有的操作后，单击"停止播放/记录"按钮　。

9.3.4　编辑动作

在 Photoshop 中，无论是系统提供的动作，还是用户自定义的动作，都可以进行编辑与修改。编辑动作的操作包括复制、移动、删除以及更改内容等。

1．复制组、动作或命令

通过复制动作组可以复制该动作组中的所有动作。通过复制动作可以得到该动作的副本，并在其基础上修改命令的参数，得到新的动作。通过复制命令可以加强命令在执行后的效果。复制"组""动作"或"命令"的方法有以下 3 种：

（1）将"组""动作"或"命令"拖至动作面板底部的"创建新动作"按钮 上，即可复制该对象。

（2）按住"Alt"键的同时将要复制的"组""动作"或"命令"拖至动作面板中的新位置。

（3）选择要复制的"组""动作"或"命令"，单击动作面板右上角的"面板菜单"按钮，在弹出的菜单中选择 复制 命令，则被复制的对象将出现在动作面板底部。

2．删除组、动作或命令

要删除"组""动作"或"命令"，可以在动作面板中将其选中并拖动至"删除"按钮 上，也可以单击动作面板右上角的"面板菜单"按钮，在弹出的菜单中选择 删除 命令。

3．插入停止

在录制动作的过程中，由于有些操作无法被录制，但却必须执行，因此需要在录制过程中插入一个"停止"对话框，以提示操作者。下面以一个实例讲解在动作面板中插入"停止"对话框的操作。

（1）单击动作面板下方的"创建新动作"按钮 ，新建一个动作并将其命名为"动作 1"。

（2）利用"椭圆选框工具"按钮 绘制一个椭圆选区，变换后的动作面板如图 9.3.4 所示。

图 9.3.4　变换后的动作面板

（3）单击工具箱中的"画笔工具"按钮 ，并在其工具选项栏中设置适当的画笔大小。

（4）选择动作面板菜单中的 插入停止... 命令，设置弹出的"记录停止"对话框如图 9.3.5 所示。

（5）单击 确定 按钮，此时在"动作 1"中将录制"停止"命令。

4．设置回放选项

选择动作面板弹出菜单中的 回放选项... 命令，将会弹出"回放选项"对话框，如图 9.3.6 所示。

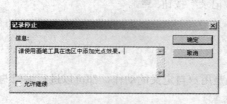
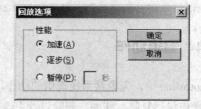

图 9.3.5　"记录停止"对话框　　　　图 9.3.6　"回放选项"对话框

（1） 加速(A)：选中此单选按钮，将以没有间断的速度直接应用动作。在选择此选项时几乎看不清楚动作在应用时每一步的操作结果。

（2） 逐步(S)：选中此单选按钮，完成每个命令并重绘图像，然后再执行下一个命令，选择此选项将有利于观察在执行动作中的每一个命令后图像的操作结果。

（3）⊙ **暂停(P):** ：选中此单选按钮，可以在其后面的文本框中输入每个动作中命令运行时的间隔暂停时间。

通过调整及编辑动作，从而使同一个动作应用于不同的工作任务中，从而避免再次录制一个新的动作。例如，可以重新排列动作中的命令的执行顺序、为动作添加新命令、改变动作中有些命令的参数值等。

5．更改命令参数

对于已录制完成的动作，可以通过改变命令参数，以改变应用动作后的效果。在动作面板中双击需要改变参数的命令，在弹出的该命令的对话框中输入新的数值，单击 确定 按钮即可改变该命令的参数。

6．更改动作中的内容

在动作面板中，可重新添加或删除一个动作中的命令，还可以将命令移到不同的动作中。更改动作的方法有插入、再次记录和在不同动作之间拖动等方式。

插入新的命令：选择要插入命令的动作名称，在动作面板底部单击"开始记录"按钮 ●，执行要添加的命令，单击"停止"按钮 ■ 停止记录。

为命令赋予新参数值：在动作面板菜单中选择 再次记录... 命令，可以为动作中带对话框的命令赋予新参数值。执行该命令时，Photoshop 会执行选定的动作，并在执行到带对话框的命令时暂停，以便输入新参数值。其具体的操作方法如下：

（1）选择需要更改的动作，在动作面板菜单中选择 再次记录... 命令。

（2）弹出"新建快照"对话框，在其中设置参数，单击 确定 按钮，Photoshop 便会记录新值。

9.3.5　播放动作

记录一个动作后，就可以对要进行同样处理的图像使用该动作。执行时 Photoshop 会自动执行该动作中记录的所有命令。

执行动作就像执行菜单命令一样简单。首先选中要执行的动作，然后单击动作面板中的"播放选定的动作"按钮 ▶，或者执行面板菜单中的"播放"命令，这样，动作中录制的命令就会逐一自动执行。也可以在按钮模式下执行动作，只要在该模式下单击要执行的动作名称即可。若要为动作设定了快捷键，可以使用快捷键来执行动作。在按钮模式下，动作序列中的所有命令都被执行。

选中之后，便可以像执行单个动作那样执行，Photoshop 将按照面板中的次序逐一执行选中的动作，几个序列也可以被同时执行。同执行文件夹中的多个动作一样，按住"Shift"键单击动作面板中的序列名称，可以选中多个不连续的序列，选中之后便可以用同样的方法执行。

要应用默认"动作"或自己录制的"动作"，可在动作面板中单击选中该动作，然后单击"播放选定的动作"按钮 ▶，或在动作面板的弹出菜单中选择"播放"命令。

9.3.6　管理动作

使用动作面板可以方便地对动作进行管理，主要包括选择动作、序列管理以及载入动作等操作。

1．选择动作

在动作面板中进行复制或删除动作之前，都需要先选择动作或命令。要选择单个动作或命令，其方法很简单，只须单击该动作或命令即可；如果要选择多个动作或命令，则可按以下的方法来完成。

（1）单击某个动作，然后按住"Shift"键并单击另一个动作，此时两个动作之间的所有动作均被选择。

（2）按住"Ctrl"键并依次单击多个动作或命令，可选择多个不连续的动作或命令。

提示：要选择多个动作，必须确认要选择的多个动作位于同一个序列之中。

2．序列管理

创建了新序列或对现有序列中的动作进行修改后，可在动作面板菜单中选择 存储动作... 命令，对其进行保存。

3．载入动作

默认情况下，动作面板中只有一个缺省的动作序列。如果要将其他动作序列载入面板中，可选择面板菜单中的 载入动作... 命令，或者直接单击面板菜单底部的动作序列名称。

9.3.7 批处理

在"批处理"对话框中可以根据选择的动作将"源"部分文件夹中的图像应用指定的动作，并将应用动作后的所有图像都存放在"目标"部分文件夹中。选择菜单栏中的 文件(F) → 自动(U) → 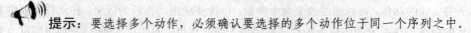 批处理(B)... 命令，即可弹出"批处理"对话框，如图 9.3.7 所示。

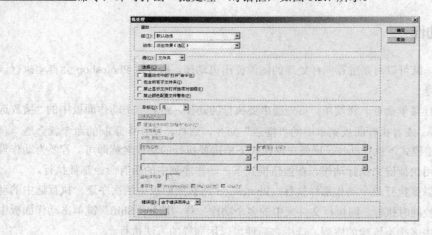

图 9.3.7 "批处理"对话框

"批处理"对话框中的各选项参数介绍如下：

（1）从"播放"选项区中的"组"和"动作"下拉列表中可以选择需要应用的"组"和"动作"名称。

（2）从"源"下拉列表中可以选择需要进行"批处理"的选项，包括文件夹、导入、打开的文件和 Bridge。

1）文件夹：此选项为默认选项，可以将批处理的运行范围指定为文件夹，选择此选项后必须单击"选择"按钮，在弹出"浏览文件夹"对话框中选择要执行批处理的文件夹。

2）导入：此选项用于对来自数码相机或扫描仪的图像输入和应用动作。

3）打开的文件：此选项用于对所有已打开的文件应用动作。

4）Bridge：此选项用于对显示与"文件浏览器"中的文件应用动作。

（3）选中 ☑ 覆盖动作中的"打开"命令(R) 复选框，动作中的"打开"命令将引用"批处理"的文件而不是动作中指定的文件名，选择此复选框将弹出"批处理"提示框，如图9.3.8所示。

图9.3.8　"批处理"提示框

（4）选中 ☑ 包含所有子文件夹(I) 复选框，可以使动作能够同时处理指定文件夹中所有子文件夹包含的可用文件。

（5）选中 ☑ 禁止显示文件打开选项对话框(E) 复选框，将关闭颜色方案信息的显示。

（6）选中 ☑ 覆盖动作中的"存储为"命令(V) 复选框，动作中的"存储为"命令将引用批处理的文件，而不是动作中指定的文件名和位置。

（7）"目标"选项区用于设置将批处理后的源文件存储的位置。

1）目标：可以在其下拉列表中选择批处理后文件的存储位置选项，包括无、存储并关闭和文件夹。

2）选择：在"目标"选项中选择"文件夹"后，会激活该按钮，主要用来设置批处理后文件存储的文件夹。

3）覆盖动作中的"存储"命令：如果动作中包含"存储为"命令，选中该复选框后，在进行批处理时，动作的"存储为"命令将引用批处理的文件，而不是动作中指定的文件名和位置。

（8）从"错误"下拉列表中可以选择处理错误的选项。

1）由于错误而停止：选择此选项，在动作执行过程中如果遇到错误将中止批处理，建议不选择此选项。

2）将错误记录到文件：选择此选项，并单击下面的"存储为"按钮，在弹出的"存储"对话框中输入文件名，可以将批处理运行过程中所遇到的每个错误记录并保存在一个文本文件中。

设置好所有选项后，单击 确定 按钮，则Photoshop开始自动执行指定的动作。

9.3.8　Photomerge

使用Photomerge命令可以将局部图像自动合成为全景照片，该功能与"自动对齐图层"命令相同。选择菜单栏中的 文件(E) → 自动(U) → Photomerge... 命令，将弹出"Photomerge"对话框，如图9.3.9所示。

"Photomerge"对话框中各选项的功能如下：

版面 ：用来设置转换为前景图片时的模式。

源文件 ：在下拉菜单中可以选择 文件 和 文件夹 。选择 文件 时，可以直接将选择的两个以上的文件制作成合并图像；选择 文件夹 时，可以直接将选择的文件夹中的文件制作成合并图像。

☑ 混合图像 ：选中此复选框，应用"Photomerge"命令后会直接套用混合图像蒙版。

☑ 晕影去除：选中此复选框，可以校正摄影时镜头中的晕影效果。

☑ 几何扭曲校正：选中此复选框，可以校正摄影时镜头中的几何扭曲效果。

浏览(B)...：单击此按钮，弹出如图 9.3.10 所示的"打开"对话框，用户可以选择合成全景图像的文件或文件夹，如图 9.3.11 所示。

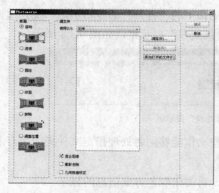

图 9.3.9　"Photomerge"对话框　　　　　　　图 9.3.10　"打开"对话框

移去(R)：单击此按钮，可以删除列表中选中的文件，如图 9.3.12 所示。

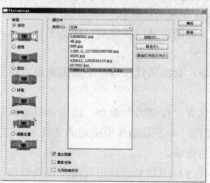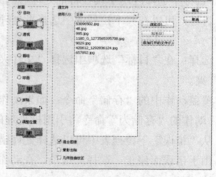

图 9.3.11　添加文件效果　　　　　　　图 9.3.12　移去选中的文件效果

添加打开的文件(F)：单击该按钮，可以将软件中打开的文件直接添加到列表中。

9.3.9　条件模式更改

使用条件模式更改命令可以将当前选取的图像颜色模式转换成自定颜色模式。选择菜单栏中的
文件(F) → 自动 (U) → 条件模式更改... 命令，弹出"条件模式更改"对话框，如图 9.3.13 所示。

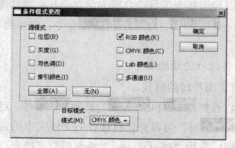

图 9.3.13　"条件模式更改"对话框

条件模式更改对话框中各选项的功能如下：

源模式：用来设置将要转换的颜色模式。

目标模式：用来设置转换后的颜色模式。

9.3.10　创建快捷批处理

使用创建快捷批处理命令创建图标后，将要应用该命令的文件拖动到 图标上即可。选择菜单栏中的 文件(F) → 自动(U) → 创建快捷批处理(C)... 命令，弹出"创建快捷批处理"对话框，如图 9.3.14 所示。在其对话框中设置好相关的参数后，单击 确定 按钮，即可创建快捷批处理。

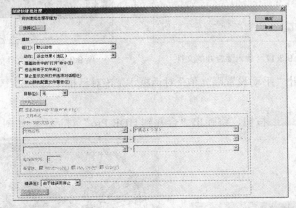

图 9.3.14　"创建快捷批处理"对话框

9.3.11　合并到 HDR Pro

使用合并到 HDR Pro 命令可以创建写实的或超现实的 HDR 图像。借助自动消除叠影以及对色调映射，可更好的调整控制图像，以获得更好的效果，甚至可以使单次曝光的照片获得 HDR 图像的外观。其具体的操作方法如下：

（1）选择菜单栏中的 文件(F) → 自动(U) → 合并到 HDR Pro... 命令，弹出"合并到 HDR Pro"对话框，如图 9.3.15 所示。

（2）在"合并到 HDR Pro"对话框中单击 浏览(B)... 按钮，弹出"打开"对话框，用户可以从中选择需要合并的图像，如图 9.3.16 所示。

图 9.3.15　"合并到 HDR Pro"对话框

图 9.3.16　"打开"对话框

（3）单击 确定 按钮，返回到"合并到 HDR Pro"对话框，此时即可将选择的文件载入，如图 9.3.17 所示。

（4）确认 ☑尝试自动对齐源图像(A) 复选框为选中状态，然后单击 确定 按钮，将选择的图像分为不同的图层载入到一个文档中，并自动对齐图层，如图 9.3.18 所示。

图 9.3.17 载入要合并的文件

图 9.3.18 载入文件效果

（5）稍等片刻，弹出"手动设置曝光值"对话框，在该对话框中选中 ⊙ EV 单选按钮，如图 9.3.19 所示。

（6）单击 确定 按钮，将弹出"合并到 HDR Pro"对话框，如图 9.3.20 所示。

图 9.3.19 "手动设置曝光值"对话框

图 9.3.20 "合并到 HDR Pro"对话框

（7）在"合并到 HDR Pro"对话框中设置好参数后，单击 确定 按钮，得到的 HDR 图像效果如图 9.3.21 所示。

图 9.3.21 使用合并到 HDR Pro 命令后图像的效果

9.3.12 裁剪并修齐照片

使用裁剪并修齐照片命令可以将一次扫描的多幅图像分离出来，是一个非常实用且操作简单的自动化命令。打开需要处理的图像，选择菜单栏中的 文件(F) → 自动(U) → 裁剪并修齐照片 命令，即可自动对图像进行操作。其具体操作步骤如下：

（1）按"Ctrl+O"键，打开 4 个图像文件，如图 9.3.22 所示。

图 9.3.22 打开的 4 幅图像文件

（2）选择菜单栏中的 文件(F) → 自动(U) → 裁剪并修齐照片 命令，即可自动将各个图像分割为单独的文件，效果如图 9.3.23 所示。

图 9.3.23 裁剪后生成的单独文件

9.3.13 限制图像

使用限制图像命令可以将当前图像在不改变分辨率的情况下改变高度与宽度。选择菜单栏中的 文件(F) → 自动(U) → 限制图像... 命令，将弹出"限制图像"对话框，如图 9.3.24 所示。

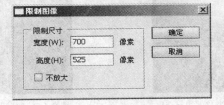

图 9.3.24 "限制图像"对话框

9.4 应用实例——绘制蜡烛

本节主要利用所学的知识绘制蜡烛，最终效果如图 9.4.1 所示。

图 9.4.1 最终效果图

操作步骤

（1）启动 Photoshop CS5 应用程序，新建一个背景色为黑色的空白文档。

（2）新建图层 1，单击工具箱中的"钢笔工具"按钮，在新建图像中绘制一个选区，然后按"Ctrl+Enter"键将其转换为选区，效果如图 9.4.2 所示。

（3）将绘制的选区羽化"60"个像素，然后将其填充为"#A55F17"，效果如图 9.4.3 所示。

图 9.4.2 绘制选区

图 9.4.3 羽化并填充选区

（4）新建图层 2，重复步骤（2）和（3）的操作，使用钢笔工具绘制一个羽化半径为"30"的选区，并将其填充为"#F6D74D"，效果如图 9.4.4 所示。

（5）新建图层 3，重复步骤（4）的操作，绘制一个羽化值为"20"、填充色为"#F6D74D"的选区，然后在图层面板中设置其混合模式为"颜色减淡"、不透明度为"40%"，效果如图 9.4.5 所示。

图 9.4.4 羽化并填充选区

图 9.4.5 绘制并填充选区

（6）将图层 1 作为当前图层，然后选择菜单栏中的 图像(I) → 调整(A) → 色彩平衡(B)... 命令，弹出"色彩平衡"对话框，设置其对话框参数如图 9.4.6 所示。

（7）设置好参数后，单击 确定 按钮，效果如图 9.4.7 所示。

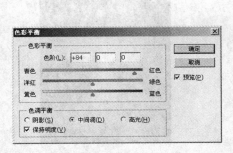

图 9.4.6　"色彩平衡"对话框　　　　　　　　图 9.4.7　绘制并填充选区

（8）新建图层 4，使用钢笔工具绘制一个蜡烛的轮廓，然后按"Ctrl+Enter"将其转换为选区，效果如图 9.4.8 所示。

（9）选中工具箱中的"渐变工具"按钮 ，在其属性栏中单击 按钮，从弹出的"渐变编辑器"对话框中设置第 1 个色标值为"#FF9B34"、第 2 个色标值为"#BA6D2D"、第 3 个色标值为"#282525"，如图 9.4.9 所示。设置好参数后，在选区中从上向下拖曳鼠标填充渐变。

图 9.4.8　将路径转换为选区　　　　　　　图 9.4.9　"渐变编辑器"对话框

（10）新建图层 5，重复步骤（4）的操作，绘制一个羽化半径为"3"、填充色为"#FFE351"的选区，效果如图 9.4.10 所示。

（11）按"Ctrl+D"键取消选区，然后使用工具箱中的减淡工具 在绘制的蜡烛图形上进行涂抹，显示出蜡烛的高光效果，如图 9.4.11 所示。

图 9.4.10　绘制蜡烛的立体感效果　　　　　图 9.4.11　绘制蜡烛高光效果

（12）新建图层 6，使用钢笔工具在蜡烛的上方绘制一个选区，并将其填充为"#FFC444"，效果如图 9.4.12 所示。

（13）新建图层 7，使用钢笔工具绘制火苗选区，并将其填充为白色，效果如图 9.4.13 所示。

图 9.4.12　绘制蜡烛上方的高光效果　　　　图 9.4.13　绘制火苗效果

（14）新建图层 8，按住"Ctrl"键的同时单击图层 7，将火苗图层载入选区，然后将其向下调整一定的大小，并将其填充为"#9E5917"到"#F29131"的线性渐变。

（15）分别使用黑色和蓝色画笔在变换后的图形上进行涂抹，绘制出烛芯图形，效果如图 9.4.14 所示。

（16）新建图层 9，使用钢笔工具绘制内焰图形，并将其填充为黑色，然后使用模糊工具 🔵 对绘制的整个火苗图形进行涂抹，效果如图 9.4.15 所示。

图 9.4.14　绘制烛芯效果　　　　　图 9.4.15　绘制内焰效果

（17）新建图层 10，使用钢笔工具在内焰图形的下方绘制如图 9.4.16 所示的路径。

（18）按"F5"键，打开画笔面板，设置其面板参数如图 9.4.17 所示。

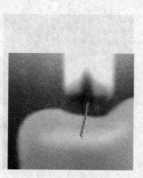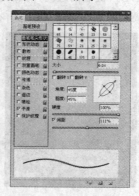

图 9.4.16　绘制路径　　　　　　图 9.4.17　画笔面板

（19）单击路径面板下方的"画笔描边路径"按钮 ，对绘制的路径进行描边，然后将其填充为黑色到白色的线性渐变，最终效果如图 9.4.1 所示。

本 章 小 结

本章主要介绍了 Photoshop CS5 中路径、形状与动作的应用，通过本章的学习，读者应掌握路径与形状的基础知识及绘制与编辑方法，并能灵活使用动作命令来提高处理图像的工作效率。

实 训 练 习

一、填空题

1. _____是由多个节点构成的直线或曲线线段。

2. 路径是由_____、_____、_____和_____等部分组合而成的。

3. 使用形状工具可以创建 3 种不同类型的对象，即_____、_____和_____。

4. 使用_____工具可以绘制矩形、正方形的路径或形状。

5. _____工具是最常用的一种描绘路径的工具，使用它可方便地绘制直线或曲线路径。

6. 在 Photoshop CS5 中，形状工具组包括_____、_____、_____、_____、_____和_____6 种。

7. 使用_____命令可以创建写实的或超现实的 HDR 图像。

8. 使用_____命令可以将一次扫描的多幅图像分离出来，是一个非常实用且操作简单的自动化命令。

二、选择题

1. 在 Photoshop CS5 中，使用（ ）工具可以改变描边的方向线。

   （A）路径选择   （B）直接选择

   （C）转换点   （D）钢笔

2. 单击路径面板底部的（ ）按钮，可以使用画笔工具对当前路径进行描边处理。

   （A）   （B）

   （C）   （D）

3. 单击路径面板底部的（ ）按钮，可以直接使用前景色填充路径。

   （A）   （B）

   （C）   （D）

4. 如果想连续选择多个路径，可以在单击鼠标选择的同时按住（ ）键。

   （A）Shift   （B）Ctrl

   （C）Enter   （D）Alt

5. 按快捷键（ ）可以调出动作面板。

   （A）F7   （B）F8

   （C）F9   （D）F10

6.（　）命令可以对多个图像文件执行同一动作，实现操作的自动化。

  （A）条件模式更改   （B）Photomerge

  （C）裁剪并修齐照片   （D）批处理

三、简答题

1．在 Photoshop CS5 中，如何对绘制的路径进行调整和变换操作？

2．简述路径与选区的转换方法。

四、上机操作题

1．利用本章学习的知识，绘制如题图 9.1 所示图形效果。

2．利用本章所学的知识，绘制出如题图 9.2 所示的按钮效果。

题图　9.1   题图　9.2

第 10 章　滤镜特效的应用

滤镜是 Photoshop CS5 的特色工具之一，充分利用好滤镜不仅可以改善图像效果、掩盖缺陷，还可以在原有图像的基础上产生许多炫目的特殊效果。

知识要点

- ⦿ 认识滤镜
- ⦿ 内置滤镜概述
- ⦿ 智能滤镜的功能
- ⦿ 滤镜的特殊功能

10.1　认 识 滤 镜

Photoshop CS5 中的滤镜是图像处理软件所特有的功能，主要用来给图像添加特殊效果。通常将 Photoshop 内部自带滤镜称为内置滤镜，将第三方厂商开发的滤镜称为外挂滤镜。一般来说，内置滤镜就能满足大多数图像特效的需要。

在 Photoshop CS5 中提供了几十种不同的滤镜组，包括模糊滤镜、扭曲滤镜、抽出滤镜、液化滤镜以及艺术效果滤镜等。选择相应的命令，可弹出对应命令的子菜单，从中选择需要的滤镜来处理图像，使用这些滤镜可以创造出不同的图像效果。

在使用滤镜时，应注意以下几点：

（1）针对所选择的区域进行处理，如果没有选择区域，则滤镜效果应用于整个图像；如果只选中某一图层或某一通道，则只对当前的图层或通道起作用。

（2）滤镜是以像素为单位对图像进行处理的。以相同参数的滤镜处理不同分辨率的图像，效果会不同。

（3）使用滤镜前，如果对选择的区域进行羽化处理，能减少突兀感。

（4）文字图层在栅格化后才能使用滤镜。

（5）当对较大的图像应用某些滤镜时，可能会耗费很长的时间，为了节约时间，可以在图像的某一部分上先进行试验。

（6）按"Ctrl+F"键可重复执行上次使用的滤镜，但此时不会弹出滤镜对话框，即不能调整滤镜参数；若按"Ctrl+Alt+F"键，则会重新弹出上一次执行的滤镜的对话框，此时可调整滤镜的参数。

（7）滤镜不能应用在模式为位图与索引颜色的图像中，大部分滤镜只对 RGB 模式的图像可用。

10.2　内置滤镜概述

在 Photoshop CS5 中内置了多种滤镜，每组滤镜所能产生的效果也不相同，熟悉并掌握各种内置滤镜的特殊效果和使用方法是使用滤镜处理图像的关键。

10.2.1 像素化滤镜

使用像素化滤镜组可以将图像分块或将图像平面化。该滤镜组包括彩块化、彩色半调、点状化、晶格化、马赛克、碎片和铜版雕刻 7 种不同的滤镜。下面对主要滤镜进行介绍。

1. 点状化

点状化滤镜将图像中的颜色分解为随机分布的颜色块，如同点状化绘画一样，并使用背景色作为网点之间的画布区域。打开一幅图像，选择菜单栏中的 滤镜(T) → 像素化 → 点状化... 命令，弹出"点状化"对话框。在 单元格大小(C) 文本框中输入数值，可设置产生网点的大小。

设置相关的参数后，单击 确定 按钮，效果如图 10.2.1 所示。

图 10.2.1 应用点状化滤镜前、后效果的对比

2. 彩色半调

彩色半调滤镜模拟在图像的每个通道上增加一层半色调的网格屏，从而模仿出半色调色点的效果。对于每个通道，此滤镜将图像划分为矩形，并用圆形替换每个矩形，图像产生铜版画的效果。打开一幅图像，选择菜单栏中的 滤镜(T) → 像素化 → 彩色半调... 命令，弹出"彩色半调"对话框。在 最大半径(R): 输入框中输入数值，设置网格的大小；在 网角(度): 选项区中设置屏蔽的度数，其中的 4 个通道分别代表填入的颜色之间的角度，每一个通道的取值范围均为 $-360 \sim 360$。

设置相关的参数后，单击 确定 按钮，效果如图 10.2.2 所示。

图 10.2.2 应用彩色半调滤镜前、后效果的对比

3. 晶格化

晶格化滤镜可以在图像的表面产生结晶颗粒，使相近的像素集结形成一个多边形网格。打开一幅图像，选择菜单栏中的 滤镜(T) → 像素化 → 晶格化... 命令，弹出"晶格化"对话框。在 单元格大小(C)

输入框中输入数值，设置产生色块的大小，取值范围为 3～300。

设置相关的参数后，单击 确定 按钮，效果如图 10.2.3 所示。

图 10.2.3　应用晶格化滤镜前、后效果的对比

4．铜版雕刻

铜版雕刻滤镜可使图像中黑白区域或彩色图像中完全饱和的颜色以点、线或边的方式描绘出来。打开一幅图像，选择菜单栏中的 滤镜(T) → 像素化 → 铜版雕刻... 命令，弹出"铜版雕刻"对话框。在 类型 下拉列表中可以选择铜版雕刻的类型。

设置相关的参数后，单击 确定 按钮，效果如图 10.2.4 所示。

图 10.2.4　应用铜版雕刻滤镜前、后效果的对比

10.2.2　风格化滤镜

风格化滤镜组通过移动或置换图像像素的方式来产生印象派或其他风格的图像效果，许多效果非常显著，几乎看不出原图的效果。此滤镜组包括查找边缘、等高线、风、浮雕效果、拼贴、凸出等 9 种滤镜。下面对主要滤镜进行介绍。

1．凸出

凸出滤镜可将图像转变为凸出的三维锥体或立方体，使其产生 3D 纹理效果。选择菜单栏中的 滤镜(T) → 风格化 → 凸出... 命令，弹出"凸出"对话框。在 类型 选项区中可选择一种凸出的类型，即 ⊙ 块(B) 或 ⊙ 金字塔(P)；在 大小(S): 输入框中可设置块状和金字塔状体的底面大小；在 深度(D): 输入框中可设置图像从屏幕凸起的程度，基于色阶选项可使图像中的某一部分亮度增加，使块状和金字塔状与色阶连在一起。

设置相关的参数后，单击 确定 按钮，效果如图 10.2.5 所示。

图 10.2.5 应用凸出滤镜前、后效果的对比

2. 风

利用风滤镜命令可在图像中制作各种风吹效果。选择菜单栏中的 滤镜(T) → 风格化 → 风... 命令，弹出"风"对话框。在 方法 选项中可设置风力的大小；在 方向 选项中可设置风吹的方向。设置完成后，单击 确定 按钮，效果如图 10.2.6 所示。

图 10.2.6 应用风滤镜前、后效果的对比

3. 浮雕效果

浮雕效果滤镜通过勾画图像或选区的轮廓和降低周围色值来生成浮雕图像效果。选择菜单栏中的 滤镜(T) → 风格化 → 浮雕效果... 命令，弹出"浮雕效果"对话框。在 角度(A): 输入框中输入数值，可设置光线照射的角度值；在 高度(H): 输入框中输入数值，可设置浮雕凸起的高度；在 数量(M): 输入框中输入数值，可设置凸出部分细节的百分比。

设置相关的参数后，单击 确定 按钮，效果如图 10.2.7 所示。

图 10.2.7 应用浮雕效果滤镜前、后效果的对比

4. 查找边缘

查找边缘滤镜可以查找图像中主色块颜色变化的区域，并将查找的边缘轮廓用铅笔描边。选择菜单栏中的 滤镜(T) → 风格化 → 查找边缘 命令，系统会自动对图像进行调整，效果如图 10.2.8 所示。

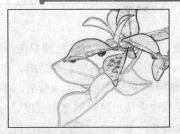

图 10.2.8　应用查找边缘滤镜前、后效果的对比

10.2.3　画笔描边滤镜

画笔描边滤镜可以为图像添加不同的杂色、纹理等效果，使图像产生各种各样的绘画艺术效果。该滤镜组包括成角的线条、墨水轮廓、喷溅、喷色描边、强化的边缘等 8 种不同的滤镜。下面对主要滤镜进行介绍。

1．喷溅

使用喷溅滤镜可以模拟喷溅枪的效果，以简化图像的整体效果。打开一幅图像，选择 滤镜(T) → 画笔描边 → 喷溅 命令，弹出"喷溅"对话框。在 喷色半径(R) 输入框中输入数值，可设置喷溅的范围；在 平滑度(S) 输入框中输入数值，可设置喷溅效果的平滑程度。

设置相关的参数后，单击 确定 按钮，效果如图 10.2.9 所示。

图 10.2.9　应用喷溅滤镜前、后效果的对比

2．强化的边缘

利用强化的边缘滤镜命令可以强化勾勒图像的边缘，使图像边缘产生荧光效果。选择菜单栏中的 滤镜(T) → 画笔描边 → 强化的边缘... 命令，弹出"强化的边缘"对话框。在 边缘宽度(W) 输入框中输入数值，可设置需要强化的边缘宽度；在 边缘亮度(B) 输入框中输入数值，可设置边缘的明亮程度；在 平滑度(S) 输入框中输入数值，可设置图像的平滑程度。

设置相关的参数后，单击 确定 按钮，效果如图 10.2.10 所示。

图 10.2.10　应用强化的边缘滤镜前、后效果的对比

3. 墨水轮廓

墨水轮廓滤镜可在图像中建立黑色油墨的喷溅效果。选择菜单栏中的 滤镜(T) → 画笔描边 → 墨水轮廓... 命令，弹出"墨水轮廓"对话框。在 描边长度(S) 输入框中输入数值，可以设置画笔描边的线条长度；在 深色强度(D) 输入框中输入数值，可以设置黑色油墨的强度；在 光照强度(L) 输入框中输入数值，可以设置图像中浅色区域的光照强度。

设置相关的参数后，单击 确定 按钮，效果如图 10.2.11 所示。

图 10.2.11 应用墨水轮廓滤镜前、后效果的对比

4. 成角的线条

成角的线条滤镜命令是利用两种角度的线条来描绘图像，使图像产生具有方向性的线条效果。选择 滤镜(T) → 画笔描边 → 成角的线条... 命令，弹出"成角的线条"对话框。在 方向平衡(D) 输入框中输入数值，可设置描边线条的方向角度；在 描边长度(L) 输入框中输入数值，可设置描边线条的长度；在 锐化程度(S) 输入框中输入数值，可设置图像效果的锐化程度。

设置相关的参数后，单击 确定 按钮，效果如图 10.2.12 所示。

图 10.2.12 应用成角的线条滤镜前、后效果的对比

10.2.4 素描滤镜

素描滤镜可给图像增加纹理、模拟素描、速写等艺术效果。另外，该组滤镜只对 RGB 或灰度模式的图像起作用。其中包括半调图案、水彩画纸、影印、绘图笔、撕边、粉笔和炭笔、网状以及铬黄等 14 中滤镜。下面对主要滤镜进行介绍。

1. 半调图案

半调图案滤镜使用前景色和背景色在当前图像中重新添加颜色，使图像产生网状图案效果。选择菜单栏中的 滤镜(T) → 素描 → 半调图案... 命令，弹出"半调图案"对话框。在 大小(S) 文本框中输入数值设置图案的大小；在 对比度(C) 文本框中输入数值设置图像中前景色和背景色的对比度；在

图案类型 (P)：下拉列表中可选择产生的图案类型，包括圆形、网点和直线 3 种类型。

设置相关的参数后，单击 确定 按钮，效果如图 10.2.13 所示。

图 10.2.13　应用半调图案滤镜前、后效果的对比

2．水彩画纸

水彩画纸滤镜可以使图像产生类似在潮湿的纸上绘图而产生画面浸湿的效果。选择菜单栏中的 滤镜(T) → 素描 → 水彩画纸... 命令，弹出"水彩画纸"对话框。在 纤维长度(F) 文本框中输入数值可设置扩散的程度与画笔的长度；在 亮度(B) 文本框中输入数值可设置图像的亮度；在 对比度(C) 文本框中输入数值可设置图像的对比度。

设置相关的参数后，单击 确定 按钮，效果如图 10.2.14 所示。

图 10.2.14　应用水彩画纸滤镜前、后效果的对比

3．影印

影印滤镜可用前景色与背景色来模拟影印图像效果，图像中的较暗区域显示为背景色，较亮区域显示为前景色。选择菜单栏中的 滤镜(T) → 素描 → 影印... 命令，弹出"影印"对话框。在 细节(D) 文本框中输入数值，可设置图像影印效果细节的明显程度；在 暗度(A) 文本框中输入数值，可设置图像较暗区域的明暗程度，输入数值越大，暗区越暗。

设置好参数后，单击 确定 按钮，效果如图 10.2.15 所示。

图 10.2.15　应用影印滤镜前、后效果的对比

4. 绘图笔

绘图笔滤镜可使图像产生使用精细的、具有一定方向的油墨线条重绘的效果。选择菜单栏中的 滤镜(T) → 素描 → 绘图笔... 命令，弹出"绘图笔"对话框。在 描边长度(S) 文本框中输入数值设置笔画长度；在 明/暗平衡(B) 文本框中输入数值设置图像效果的明暗平衡度；在 描边方向(D)： 下拉列表中选择笔画描绘的方向。

设置相关的参数后，单击 确定 按钮，效果如图 10.2.16 所示。

图 10.2.16 应用绘图笔滤镜前、后效果的对比

5. 撕边

利用撕边滤镜可以将图像撕成碎纸片状，使图像产生粗糙的边缘，并以前景色与背景色渲染图像。选择菜单栏中的 滤镜(T) → 素描 → 撕边... 命令，弹出"撕边"对话框。在 图像平衡(I) 文本框中输入数值设置前景色与背景色之间的平衡比例；在 平滑度(S) 文本框中输入数值设置撕破边缘的平滑程度；在 对比度(C) 文本框中输入数值设置图像的对比度。

设置相关的参数后，单击 确定 按钮，效果如图 10.2.17 所示。

图 10.2.17 应用撕边滤镜前、后效果的对比

10.2.5 扭曲滤镜

扭曲滤镜主要用来对图像进行几何扭曲、创建 3D 或其他图形效果。该滤镜组包括波浪、波纹、玻璃、球面化、海洋波纹、极坐标、水波、扩展亮度等 13 种不同的滤镜。下面对主要滤镜进行介绍。

1. 波纹

波纹滤镜可以使图像表面产生一些起伏的小波纹，其效果看上去像是水面上产生的波纹一样。选择菜单栏中的 滤镜(T) → 扭曲 → 波纹... 命令，弹出"波纹"对话框。在 数量(A) 文本框中输入数值设置产生波纹的数量，输入数值范围为－999～＋999。一般只有将参数设置在－300～＋300 之间时，才会产生出较好的效果；在 大小(S) 下拉列表中选择波纹的大小。

设置相关的参数后，单击 确定 按钮，效果如图 10.2.18 所示。

图 10.2.18　应用波纹滤镜前、后效果的对比

2.　球面化

利用球面化滤镜可以在水平方向或垂直方向上球面化图像。选择菜单栏中的 滤镜(T) → 扭曲 → 球面化... 命令，弹出"球面化"对话框。在 数量(A) 文本框中输入数值设置球面化的数值；在 模式 下拉列表中选择球面化的模式，包括 正常 、 水平优先 、 垂直优先 3 种模式。

设置相关的参数后，单击 确定 按钮，效果如图 10.2.19 所示。

图 10.2.19　应用球面化滤镜前、后效果的对比

3.　极坐标

利用极坐标滤镜命令可使图像产生极度的扭曲效果。选择菜单栏中的 滤镜(T) → 扭曲 → 极坐标... 命令，弹出"极坐标"对话框。选中 ⊙ 平面坐标到极坐标(R) 单选按钮，图像将从平面坐标系转换到极坐标系；选中 ⊙ 极坐标到平面坐标(P) 单选按钮，图像将从极坐标系转换到平面坐标系。

设置相关的参数后，单击 确定 按钮，效果如图 10.2.20 所示。

图 10.2.20　应用极坐标滤镜前、后效果的对比

4.　水波

利用水波滤镜命令可使图像产生各种不同的波纹效果，像是将石头投入水中时产生的涟漪效果。

选择菜单栏中的 滤镜(T) → 扭曲 → 水波... 命令，弹出"水波"对话框。在 数量(A) 文本框中输入数值，可设置产生的波纹数量；在 起伏(R) 文本框中输入数值，可设置波纹向外凸出的效果；在 样式(S) 下拉列表中可选择水波的样式。

设置相关的参数后，单击 确定 按钮，效果如图 10.2.21 所示。

图 10.2.21　应用水波滤镜前、后效果的对比

5. 玻璃

使用玻璃滤镜可产生一种类似透过玻璃看图像的效果。可以在一幅图像上创建富有特色的玻璃透镜。选择菜单栏中的 滤镜(T) → 扭曲 → 玻璃... 命令，弹出"玻璃"对话框。在 扭曲度(D) 文本框中输入数值设置图像的变形程度；在 平滑度(M) 文本框中输入数值设置玻璃的平滑程度；在 缩放(S) 文本框中输入数值设置纹理的缩放比例；在 纹理(T): 下拉列表中选择表面纹理的变形类型，选项为 小镜头；选中 ☑ 反相(I) 复选框，可以使图像中的纹理图进行反转。

设置好参数后，单击 确定 按钮，效果如图 10.2.22 所示。

图 10.2.22　应用玻璃滤镜前、后效果的对比

10.2.6　模糊滤镜

模糊滤镜组主要用来处理图像边缘过于清晰或对比度过于强烈的区域，以产生模糊效果柔化边缘。该滤镜组包括动感模糊、高斯模糊、径向模糊、特殊模糊等 11 种不同的滤镜。下面对主要滤镜进行介绍。

1. 动感模糊

动感模糊滤镜可在指定的方向上对像素进行线性的移动，使其产生一种运动模糊的效果。选择菜单栏中的 滤镜(T) → 模糊 → 动感模糊... 命令，弹出"动感模糊"对话框。在 角度(A): 文本框中输入数值，设置动感模糊的方向；在 距离(D): 文本框中输入数值，设置处理图像的模糊强度，输入数值范围为 1～999。

设置完参数后，单击 确定 按钮，效果如图 10.2.23 所示。

图 10.2.23 应用动感模糊滤镜前、后效果的对比

2．高斯模糊

高斯模糊滤镜是一种常用的滤镜，是通过调整模糊半径的参数使图像快速模糊，从而产生一种朦胧效果。选择菜单栏中的 滤镜(T) → 模糊 → 高斯模糊... 命令，弹出"高斯模糊"对话框。在 半径(R): 输入框中输入数值，设置图像的模糊程度，输入的数值越大，图像模糊的效果越明显。

设置相关的参数后，单击 确定 按钮，效果如图 10.2.24 所示。

图 10.2.24 应用高斯模糊滤镜前、后效果的对比

3．径向模糊

径向模糊滤镜可对图像进行旋转模糊，也可将图像从中心向外缩放模糊。选择菜单栏中的 滤镜(T) → 模糊 → 径向模糊... 命令，弹出"径向模糊"对话框。在 数量(A) 文本框中输入数值，可设置图像产生模糊效果的强度，输入数值范围为 1～100；在 模糊方法: 选项区中可选择模糊的方法；在 品质: 选项区中可选择生成模糊效果的质量。

设置相关的参数后，单击 确定 按钮，效果如图 10.2.25 所示。

图 10.2.25 应用径向模糊滤镜前、后效果的对比

4．特殊模糊

特殊模糊滤镜可以使图像产生一种清晰边界的模糊效果，该滤镜能够找出图像边缘，并只模糊图

像边界线以内的区域，设置的参数将决定 Photoshop 所找到的边缘位置。选择菜单栏中的 滤镜(T) →
模糊 → 特殊模糊... 命令，弹出"特殊模糊"对话框。在 半径 文本框中输入数值，设置辐射的范围
大小；在 阈值 文本框中输入数值，设置模糊的阈值，输入数值范围为 0.1～100；在 品质: 下拉列表
中选择模糊效果的质量；在 模式: 下拉列表中选择产生图像效果的模式。

设置相关的参数后，单击 确定 按钮，效果如图 10.2.26 所示。

图 10.2.26　应用特殊模糊滤镜前、后效果的对比

10.2.7　艺术效果滤镜

艺术效果滤镜组可以模拟多种现实世界的艺术手法，制作精美的艺术绘画效果，也可以制作用于
商业的特殊效果图像。该滤镜中包含壁画、海绵、水彩、塑料包装、彩色铅笔、粗糙蜡笔、底纹效果、
海报边缘等 15 种不同的滤镜。下面对主要滤镜进行介绍。

1．壁画

壁画滤镜可使图像产生一种在墙壁上画水彩画的效果。选择菜单栏中的 滤镜(T) → 艺术效果 →
壁画... 命令，弹出"壁画"对话框。在 画笔大小(B) 输入框中输入数值，可以设置模拟笔刷的大小，
其取值范围为 0～10；在 画笔细节(D) 输入框中输入数值，可以设置笔触的细腻程度，其取值范围为 0～
10；在 纹理(T) 输入框中输入数值，可以设置壁画效果的颜色过渡变形值，其取值范围为 1～3。

设置相关的参数后，单击 确定 按钮，效果如图 10.2.27 所示。

图 10.2.27　应用壁画滤镜前、后效果的对比

2．海绵

海绵滤镜是使用颜色对比强烈、纹理较重的区域创建图像，使图像看上去好像是用海绵绘制的。
选择菜单栏中的 滤镜(T) → 艺术效果 → 海绵... 命令，弹出"海绵"对话框。在 画笔大小(B) 输入框中
输入数值，可以设置画笔笔刷的大小，其取值范围为 0～10；在 清晰度(D) 输入框中输入数值，可以设
置画笔的粗细程度，其取值范围为 0～25；在 平滑度(S) 输入框中输入数值，可以设置效果的平滑程度，

其取值范围为 1～15。

　　设置想关的参数后，单击 确定 按钮，效果如图 10.2.28 所示。

图 10.2.28　应用海绵滤镜前、后效果的对比

3．水彩

　　水彩滤镜以水彩的风格绘制图像，简化图像中的细节，使图像产生类似于用蘸了水和颜色的中号画笔绘制的效果。选择菜单栏中的 滤镜(T) → 艺术效果 → 水彩... 命令，弹出"水彩"对话框。在 画笔细节(B) 文本框中输入数值设置水彩笔的细腻程度；在 阴影强度(S) 文本框中输入数值设置水彩阴影的强度；在 纹理(T) 文本框中输入数值设置水彩的材质纹理，输入数值范围为 1～3。

　　设置相关的参数后，单击 确定 按钮，效果如图 10.2.29 所示。

图 10.2.29　应用水彩滤镜前、后效果的对比

4．海报边缘

　　使用海报边缘滤镜可以减少图像中的颜色数量，并用黑色勾画轮廓，使图像产生海报画的效果。选择菜单栏中的 滤镜(T) → 艺术效果 → 海报边缘... 命令，弹出"海报边缘"对话框。在 边缘厚度(E) 输入框中输入数值，设置边缘的宽度；在 边缘强度(I) 输入框中输入数值，设置边缘的可见程度；在 海报化(P) 输入框中输入数值，设置颜色在图像上的渲染效果。

　　设置相关的参数后，单击 确定 按钮，效果如图 10.2.30 所示。

图 10.2.30　应用海报边缘滤镜前、后效果的对比

5. 塑料包装

塑料包装滤镜可以使图像如涂上一层光亮的塑料，以产生一种表面质感很强的塑料包装效果，使图像具有立体感。选择菜单栏中的 滤镜(T) → 艺术效果 → 塑料包装... 命令，弹出"塑料包装"对话框。在 高光强度 (H) 输入框中输入数值，可设置塑料包装效果中高亮度点的亮度；在 细节 (D) 输入框中输入数值，可设置产生效果细节的复杂程度；在 平滑度 (S) 输入框中输入数值，可设置产生塑料包装效果的光滑度。

设置相关的参数后，单击 确定 按钮，效果如图 10.2.31 所示。

图 10.2.31　应用塑料包装滤镜前、后效果的对比

10.2.8　锐化滤镜

锐化滤镜通过增加相邻像素的对比度来聚焦模糊的图像。使用该组滤镜可使图像更清晰逼真，但是如果锐化太强烈，反而会适得其反。该滤镜中包含锐化、USM 锐化、进一步锐化、锐化边缘等 5 种不同的滤镜。下面对主要滤镜进行介绍。

1. 锐化

利用锐化滤镜可以增加图像像素之间的对比度，使图像清晰化。打开一幅图像，选择菜单栏中的 滤镜(T) → 锐化 → 锐化 命令，系统会自动对图像进行调整，效果如图 10.2.32 所示。

图 10.2.32　应用锐化滤镜前、后效果的对比

2. USM 锐化

使用 USM 锐化滤镜可以在图像边缘的两侧分别制作一条明线或暗线，以调整其边缘细节的对比度，最终使图像的边缘轮廓锐化。打开一幅图像，选择菜单栏中的 滤镜(T) → 锐化 → USM 锐化... 命令，弹出"USM 锐化"对话框。在 数量(A): 文本框中输入数值设置锐化的程度；在 半径(R): 文本框中输入数值设置边缘像素周围影响锐化的像素数；在 阈值(T): 文本框中输入数值设置锐化的相邻像素之间的最低差值。

设置相关的参数后，单击 确定 按钮，效果如图 10.2.33 所示。

图 10.2.33　应用 USM 锐化滤镜前、后效果的对比

3．进一步锐化

进一步锐化滤镜可以产生强烈的锐化效果，用于提高图像的对比度和清晰度。此滤镜处理的图像效果比 USM 锐化滤镜更强烈。如图 10.2.34 所示为应用进一步锐化滤镜前后的效果对比。

图 10.2.34　应用进一步锐化滤镜前、后效果的对比

10.2.9　渲染滤镜

渲染滤镜组可以对图像产生照明、云彩以及特殊的纹理效果。该滤镜包括分层云彩、光照效果、镜头光晕、纤维以及云彩 5 种不同的滤镜。下面对主要滤镜进行介绍。

1．云彩

云彩滤镜是在前景色和背景色之间随机抽取像素值并转换为柔和的云彩效果。在选择云彩滤镜命令时按下"Shift"键可产生低漫射云彩。如果需要一幅对比强烈的云的效果，在选择云彩命令时须按"Alt"键。选择菜单栏中的 滤镜(T) → 渲染 → 云彩 命令，系统会自动对图像进行调整，效果如图 10.2.35 所示。

图 10.2.35　应用云彩滤镜前、后效果的对比

2．纤维

纤维滤镜命令可使图像产生一种纤维化的图案效果，其颜色与前景色和背景色有关。打开一幅图像，选择菜单栏中的 滤镜(T) → 渲染 → 纤维... 命令，弹出"纤维"对话框。在 差异 输入框中输入数值，可设置纤维的变化程度；在 强度 输入框中输入数值，可设置图像效果中纤维的密度；单击 随机化 按钮，可生成随机的纤维效果。

设置相关的参数后，单击 确定 按钮，效果如图 10.2.36 所示。

图 10.2.36　应用纤维滤镜前、后效果的对比

3．光照效果

光照效果滤镜是 Photoshop CS5 中较复杂的滤镜，可对图像应用不同的光源、光类型和光的特性，也可以改变基调、增加图像深度和聚光区。选择菜单栏中的 滤镜(T) → 渲染 → 光照效果... 命令，弹出"光照效果"对话框。在 样式 下拉列表中可以选择光照样式；在 光照类型 下拉列表中可以选择灯光类型，包括平行光、全光源、点光；在 强度: 文本框中输入数值，可以控制光源的强度，还可以在右边的颜色框中选择一种灯光的颜色；在 聚焦: 文本框中输入数值，可以调节光线的宽窄。此选项只有在使用点光时可使用；在 属性: 文本框中输入数值，可以调节图像的反光效果；在 材料: 文本框中输入数值，可以设置光线或光源所照射的物体是否产生更多的折射；在 曝光度: 文本框中输入数值，可调节光线明暗度；在 环境: 文本框中输入数值，可设置光照范围的大小；在 纹理通道 下拉列表中可以选择一个通道，即将一个灰色图像当做纹理来使用。

设置相关的参数后，单击 确定 按钮，最终效果如图 10.2.37 所示。

图 10.2.37　应用光照效果滤镜前、后效果的对比

4．镜头光晕

镜头光晕滤镜可给图像添加类似摄像机对着光源拍摄时的镜头炫光效果，可自动调节摄像机炫光位置。选择菜单栏中的 滤镜(T) → 渲染 → 镜头光晕... 命令，弹出"镜头光晕"对话框。在 亮度(B): 输入框中输入数值，可设置炫光的亮度大小；拖动 光晕中心: 显示框中的十字光标，可以设置炫光的位

置；在 镜头类型 选项区中选择镜头的类型。

设置相关的参数后，单击 确定 按钮，效果如图 10.2.38 所示。

图 10.2.38　应用镜头光晕滤镜前、后效果的对比

10.2.10　纹理滤镜

纹理滤镜可以使图像中各部分之间产生过渡变形的效果，其主要的功能是在图像中加入各种纹理以产生图案效果。使用纹理滤镜可以使图像的表面具有深度感或物质覆盖表面的感觉。该滤镜包括染色玻璃、纹理化、龟裂缝、拼缀图等 6 种不同的滤镜。下面对主要滤镜进行介绍。

1. 染色玻璃

使用染色玻璃滤镜可以将图像重新绘制为玻璃拼贴起来的效果，生成的玻璃块之间的缝隙会使用前景色来填充。选择 滤镜(T) → 纹理 → 染色玻璃... 命令，弹出"染色玻璃"对话框。在 单元格大小(C) 文本框中输入数值，可设置产生的玻璃格的大小；在 边框粗细(B) 文本框中输入数值，可设置玻璃边框的粗细；在 光照强度(L) 文本框中输入数值，可设置光线照射的强度。

设置相关的参数后，单击 确定 按钮，效果如图 10.2.39 所示。

图 10.2.39　应用染色玻璃滤镜前、后效果的对比

2. 纹理化

纹理化滤镜是将系统自带的或用户自己创建的纹理应用于图像，使图像产生纹理效果。选择菜单栏中的 滤镜(T) → 纹理 → 纹理化... 命令，弹出"纹理化"对话框。在 纹理(T): 下拉列表中选择添加的纹理类型；在 缩放(S) 文本框中输入数值设置纹理的缩放比例；在 凸现(R) 文本框中输入数值设置纹理的凸现程度；在 光照(L): 下拉列表中选择灯光照射的方向；选中 ☑ 反相(I) 复选框，将使灯光照射的方向反向。

设置相关的参数后，单击 确定 按钮，效果如图 10.2.40 所示。

图 10.2.40　应用纹理化滤镜前、后效果的对比

3．龟裂缝

使用龟裂缝滤镜可将图像绘制在一个高凸现的石膏表面上，以表现图像等高线水彩精细的网状裂缝。选择菜单栏中的 滤镜(T) → 纹理 → 龟裂缝... 命令，弹出"龟裂缝"对话框。在 裂缝间距(S) 文本框中输入数值，可设置产生的裂纹之间的距离；在 裂缝深度(D) 文本框中输入数值，可设置产生裂纹的深度；在 裂缝亮度(B) 文本框中输入数值，可设置裂缝的亮度。

设置好参数后，单击 确定 按钮，效果如图 10.2.41 所示。

图 10.2.41　应用龟裂缝滤镜前、后效果的对比

4．拼缀图

拼缀图滤镜可将图像拆分为不同颜色的小方块，类似于拼贴图的效果。选择菜单栏中的 滤镜(T) → 纹理 → 拼缀图... 命令，弹出"拼缀图"对话框。在 方形大小(S) 文本框中输入数值，可以设置产生方块的尺寸大小；在 凸现(R) 文本框中输入数值，可以设置产生方块的凸现程度。

设置好参数后，单击 确定 按钮，效果如图 10.2.42 所示。

图 10.2.42　应用拼缀图滤镜前、后效果的对比

10.2.11　杂色滤镜

使用杂色滤镜组可以创建不同寻常的纹理或去掉图像中有缺陷的区域。该滤镜组包括减少杂色、蒙尘与划痕、去斑、添加杂色和中间值 5 种滤镜。下面对主要滤镜进行介绍。

1．蒙尘与划痕

蒙尘与划痕滤镜是通过不同的像素来减少图像中的杂色。打开一幅图像，选择菜单栏中的 滤镜(T) → 杂色 → 蒙尘与划痕... 命令，弹出"蒙尘与划痕"对话框。在 半径(R): 文本框中输入数值，可设置清除缺陷的范围；在 阈值(T): 文本框中输入数值，可设置进行处理的像素的阈值。

设置完成后，单击 确定 按钮，效果如图 10.2.43 所示。

图 10.2.43　应用蒙尘与划痕滤镜前、后效果的对比

2．添加杂色

利用添加杂色滤镜命令可给图像添加杂点。打开一幅图像，选择菜单栏中的 滤镜(T) → 杂色 → 添加杂色... 命令，弹出"添加杂色"对话框。在 数量(A): 文本框中输入数值，可设置添加杂点的数量；在 分布 选项区中可设置杂点的分布方式；选中 ☑ 单色(M) 复选框，可设置杂点的颜色为单色。

设置完成后，单击 确定 按钮，效果如图 10.2.44 所示。

图 10.2.44　应用添加杂色滤镜前、后效果的对比

3．中间值

利用中间值滤镜命令可消除或减少图像中动感效果，使图像平滑化。打开一幅图像，选择菜单栏中的 滤镜(T) → 杂色 → 中间值... 命令，弹出"中间值"对话框。在 半径(R): 文本框中输入数值，可设置图像中像素的色彩平均化。

设置完成后，单击 确定 按钮，效果如图 10.2.45 所示。

图 10.2.45　应用中间值滤镜前、后效果的对比

4．去斑

利用去斑滤镜可以保留图像边缘而轻微模糊图像，从而去除较小的杂色。打开一幅图像，选择菜单栏中的 滤镜(T) → 杂色 → 去斑 命令，系统会自动对图像进行调整，效果如图 10.2.46 所示。

图 10.2.46　应用去斑滤镜前、后效果的对比

10.2.12　其他滤镜

Photoshop CS5 中还包含了一些不适合与其他滤镜放在一起分组的滤镜，其他滤镜组包括高反差保留、位移、最大值、最小值以及自定滤镜。

1．最大值

最大值滤镜具有收缩的效果，可以向外扩展白色区域收缩黑色区域。选择菜单栏中的 滤镜(T) → 其它 → 最大值... 命令，弹出"最大值"对话框。在 半径(R): 输入框中输入数值，可以设置选取较暗像素的距离。

设置相关的参数后，单击 确定 按钮，效果如图 10.2.47 所示。

图 10.2.47　应用最大值滤镜前、后效果的对比

2．最小值

最小值滤镜具有扩展的效果，可以向外扩展黑色区域，并收缩白色区域。选择菜单栏中的 滤镜(T) → 其它 → 最小值... 命令，弹出"最小值"对话框。在 半径(R): 输入框中输入数值，可以设置选取较亮像素的距离。

设置相关的参数后，单击 确定 按钮，效果如图 10.2.48 所示。

图 10.2.48　应用最小值滤镜前、后效果的对比

3．高反差保留

高反差保留滤镜可以删除图像中亮度逐渐变化的部分，并保留色彩变化最大的部分。选择菜单栏中的 滤镜(T) → 其它 → 高反差保留... 命令，弹出"高反差保留"对话框。在 半径(R): 输入框中输入数值，设置像素周围的距离，输入数值范围为 0.1～250。

设置相关的参数后，单击 确定 按钮，效果如图 10.2.49 所示。

图 10.2.49　应用高反差保留滤镜前、后效果的对比

4．位移

位移滤镜将根据设定值对图像进行移动，可以用来创建阴影效果。打开一幅图像，选择菜单栏中的 滤镜(T) → 其它 → 位移... 命令，弹出"位移"对话框。在 水平(H): 输入框中输入数值，图像将以指定的数值水平移动；在 垂直(V): 输入框中输入数值，图像将以指定的数值垂直移动；在 未定义区域 选项区中可选择移动后空白区域的填充方式。

设置相关的参数后，单击 确定 按钮，效果如图 10.2.50 所示。

图 10.2.50　应用位移滤镜前、后效果的对比

10.2.13　Digimarc 滤镜

Digimarc 滤镜与其他滤镜不同，是将数字水印嵌入到图像中储存版权及其他信息，它可以在计算机或出版物中永久保存。Digimarc 滤镜都包含在 滤镜(T) → Digimarc 命令子菜单中，如图 10.2.51 所示。

图 10.2.51　Digimarc 滤镜子菜单

1.　嵌入水印

若要嵌入水印，必须首先向数字水印公司（该公司维护所有艺术家、设计人员和摄影师及其联系信息的数据库）注册，获得唯一的创作者 ID，然后将创作者 ID 连同版权年份或限制使用的标识符等信息一起嵌入到图像中。

默认的"水印耐久性"设置专门用于平衡大多数图像中的水印耐久性和可视性。当然，用户也可以根据图像的需要，自己调整水印耐久性的设置。低数值表示水印在图像中具有较低的可视性，耐久性也较差，而且应用滤镜效果或执行某些图像编辑、打印和扫描操作可能会损坏水印。高数值表示水印具有较高的耐久性，但可能会在图像中显示一些可见的杂色。

嵌入水印的具体操作步骤如下：

（1）按"Ctrl+O"键，打开一幅如图 10.2.52 所示的图像文件。

（2）选择菜单栏中的 滤镜(T) → Digimarc → 嵌入水印... 命令，弹出"嵌入水印"对话框，如图 10.2.53 所示。

图 10.2.52　打开图像

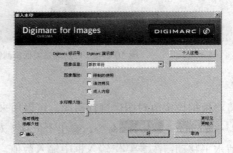

图 10.2.53　"嵌入水印"对话框

（3）在 图象信息: 下拉列表中可以选择版权年份、图像标识号和事务处理标识号 3 个选项，在此选择"版权年份"，然后在其右侧的文本框中设置年份为"2012"，在 图象属性: 中选中 ☑ 限制的使用 和 ☑ 请勿拷贝 复选框。

（4）设置好参数后，单击 好 按钮，弹出"嵌入水印：验证"对话框，如图 10.2.54 所示。

（5）单击 好 按钮，即可完成水印的嵌入。

2.　读取水印

嵌入水印后的图像会依据作者的设置差异显示在画面上。读取水印的操作步骤如下：

（1）打开设置过水印的图像，选择菜单栏中的 滤镜(T) → Digimarc → 读取水印... 命令，弹出"水印信息"对话框，如图 10.2.55 所示。

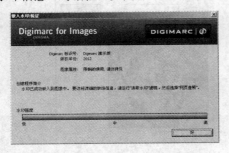

图 10.2.54　"嵌入水印：验证"对话框

图 10.2.55　"水印信息"对话框

（2）在对话框中可观看该图像的属性和作者的版权年份，如果需要了解作者更多的信息，可单击 网页查照 按钮，在 http://www.digimarc.com 网站上查找。

10.3　智能滤镜的功能

在 Photoshop CS5 中智能滤镜可以在不破坏图像本身像素的条件下为图层添加滤镜效果。下面对其进行具体介绍。

10.3.1　创建智能滤镜

图层面板中的普通图层应用滤镜后，原来的图像将会被取代；图层面板中的智能对象可以直接将滤镜添加到图像中，但是不破坏图像本身的像素。

首先选择菜单栏中的 图层(L) → 智能对象 → 转换为智能对象(S) 命令，即可将普通图层的背景图层变成智能对象，或选择菜单栏中的 滤镜(T) → 转换为智能滤镜 命令，此时会弹出如图 10.3.1 所示的提示对话框，单击 确定 按钮，即可将当前图层转换为智能对象图层，再执行相应的滤镜命令，就会在图层面板中看到该滤镜显示在智能滤镜的下方，如图 10.3.2 所示。

图 10.3.2　智能滤镜

图 10.3.1　提示对话框

10.3.2　编辑智能滤镜混合选项

在图层面板中应用的滤镜效果名称图层上单击鼠标右键，从弹出的如图 10.3.3 所示的菜单中选择 编辑智能滤镜混合选项... 选项，或在图层面板中的 按钮上双击鼠标，即可弹出"混合选项"对话框，在该对话框中可以设置该滤镜在图层中的 模式(M): 和 不透明度(O):，如图 10.3.4 所示。

图 10.3.3 选择"编辑智能滤镜混合选项"选项

图 10.3.4 "混合选项"对话框

10.3.3 停用/启用智能滤镜

在图层面板中应用智能滤镜后，选择菜单栏中的 图层(L) → 智能对象 → 停用智能滤镜 命令，即可将当前使用的智能效果隐藏，还原图像的原来品质，此时 智能滤镜 子菜单中的 停用智能滤镜 命令变成 启用智能滤镜 命令，执行此命令即可启用智能滤镜，如图 10.3.5 所示。

停用智能滤镜

启用智能滤镜

图 10.3.5 停用/启用智能滤镜

10.3.4 清除智能滤镜

选择菜单栏中的 图层(L) → 智能对象 → 清除智能滤镜 命令，即可将应用的智能滤镜从图层面板中删除，如图 10.3.6 所示。

未删除

删除后

图 10.3.6 清除智能滤镜

10.3.5　停用/启用滤镜蒙版

选择菜单栏中的 图层(L) → 智能对象 → 停用滤镜蒙版(B) 命令，即可将智能滤镜中的蒙版停用，此时会在蒙版上出现一个红叉。应用 停用滤镜蒙版(B) 命令后，智能滤镜 子菜单中的 停用滤镜蒙版(B) 命令将变成 启用滤镜蒙版(B) 命令，执行此命令即可将蒙版重新启用，如图 10.3.7 所示。

停用滤镜蒙版　　　　　　　　　　　启用滤镜蒙版

图 10.3.7　停用/启用滤镜蒙版

10.3.6　删除/添加滤镜蒙版

选择菜单栏中的 图层(L) → 智能对象 → 删除滤镜蒙版 命令，即可将智能滤镜中的蒙版从图层面板中删除，此时 智能滤镜 子菜单中的 删除滤镜蒙版 命令将变成 添加滤镜蒙版 命令，执行此命令即可将蒙版添加到滤镜后面，如图 10.3.8 所示。

删除滤镜蒙版　　　　　　　　　　　添加滤镜蒙版

图 10.3.8　删除/添加滤镜蒙版

10.4　滤镜的特殊功能

在 Photoshop CS5 中提供了几个用于进行图像编辑和修饰的滤镜，即滤镜库、镜头校正、液化、和消失点。下面具体介绍这些滤镜的功能与使用方法。

10.4.1　滤镜库

"滤镜库"中集成了多种滤镜，在"滤镜库"该对话框中可以累积应用多个滤镜，也可以重复应

用单个滤镜，还可以重新排列滤镜并更改已应用的每个滤镜的设置。选择菜单栏中的 滤镜(T) →
滤镜库(G)... 命令，弹出"滤镜库"对话框，如图 10.4.1 所示。

图 10.4.1 "滤镜库"对话框

在"滤镜库"对话框中，系统集中放置了一些比较常用的滤镜，并将它们分别放置在不同的滤镜
组中。例如，要使用"半调图案"滤镜，可首先单击"素描"滤镜组名，展开滤镜文件夹，然后单击
"半调图案"滤镜。同时，选中某个滤镜后，系统会自动在右侧设置区显示该滤镜的相关参数，用户
可根据需要进行调整，如图 10.4.2 所示。

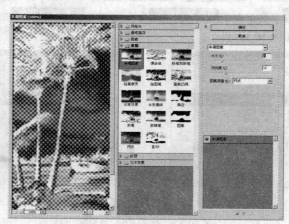

图 10.4.2 设置"半调图案"滤镜参数

此外，在对话框右下角的设置区中，用户还可通过单击"新增效果图层"按钮 添加滤镜层，
从而可对一幅图像一次应用多个滤镜效果。要删除某个滤镜，可在选中要删除的滤镜后单击"删除效
果图层"按钮 即可。

10.4.2 镜头校正

镜头校正滤镜可根据 Adobe 对各种相机与镜头的测量自动校正，可更轻易消除桶状和枕状变型、
相片周边暗角，以及造成边缘出现彩色光晕的色像差。选择菜单栏中的 滤镜(T) →镜头校正(R)... 命令，
弹出"镜头校正"对话框，如图 10.4.3 所示。

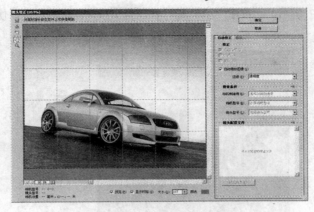

图 10.4.3　"镜头校正"对话框

在"自动校正"选项卡中的 **搜索条件** 选项区中，可以设置相机的品牌、型号和镜头型号，此时 **校正** 选项区中的选项变为可用状态，用户可以选择需要自动校正的项目，自动校正图像。

在对话框的左侧单击"缩放工具"按钮 🔍，然后在预览窗口中单击，可将图像放大。同时，可以使用抓手工具 ✋ 单击并拖动预览图像，方便察看图像。

单击"移去扭曲工具"按钮 🖳，向图像的中心或者偏移图像的中心移动，可手动校正球面凸出的房屋图像。如果对校正扭曲的效果还不满意，可以单击对话框中的"自定"选项卡，在其选项卡中可精确的校正扭曲。

如图 10.4.4 所示为应用镜头校正滤镜前后的效果对比。

图 10.4.4　应用镜头校正滤镜前、后效果的对比

10.4.3　液化

使用液化滤镜可以制作出各种类似液化的图像变形效果。液化滤镜可用于推、拉、旋转、反射、折叠和膨胀图像的任意区域，是修饰图像和创建艺术效果的强大工具。选择菜单栏中的 **滤镜(T)** → **液化(L)...** 命令，弹出"液化"对话框，如图 10.4.5 所示。

"液化"对话框中的各选项含义介绍如下：

（1）单击"向前变形工具"按钮 👆，在图像上拖动，会使图像向拖动方向产生弯曲变形效果，如图 10.4.6 所示。

（2）单击"重建工具"按钮 🖌，在已发生变形的区域单击或拖动，可以使已变形图像恢复为原始状态。

（3）单击"顺时针旋转扭曲工具"按钮 🌀，在图像上按住鼠标时，可以使图像中的像素顺时针旋转，效果如图 10.4.7 所示。当按住"Alt"键，在图像上按住鼠标时，可以使图像中的像素逆时针旋转。

图 10.4.5　"液化"对话框

（4）单击"褶皱工具"按钮![褶皱工具]，在图像上单击或拖动时，会使图像中的像素向画笔区域的中心移动，使图像产生收缩效果，如图 10.4.8 所示。

图 10.4.6　向前变形效果　　　　　　图 10.4.7　顺时针旋转扭曲效果

（5）单击"膨胀工具"按钮![膨胀工具]，在图像上单击或拖动时，会使图像中的像素从画笔区域的中心向画笔边缘移动，使图像产生膨胀效果，该工具产生的效果正好与"褶皱工具"产生的效果相反，效果如图 10.4.9 所示。

图 10.4.8　褶皱效果　　　　　　　　图 10.4.9　膨胀效果

（6）单击"左推工具"按钮![左推工具]，在图像上拖动鼠标时，图像中的像素会以相对于拖动方向左垂直的方向在画笔区域内移动，使其产生挤压效果，效果如图 10.4.10 所示。按住"Alt"键拖动鼠标时，图像中的像素会以相对于拖动方向右垂直的方向在画笔区域内移动，使其产生挤压效果。

（7）单击"镜像工具"按钮![镜像工具]，在图像上拖动时，图像中的像素会以相对于拖动方向右垂直的方向上产生镜像效果，效果如图 10.4.11 所示。按住"Alt"键拖动鼠标时，图像中的像素会以相对于拖动方向左垂直的方向上产生镜像效果。

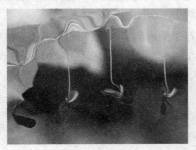

图 10.4.10　左推效果　　　　　　　　　图 10.4.11　镜像效果

（8）单击"湍流工具"按钮 ，在图像上拖动时，图像中的像素会平滑地混和在一起，可以十分轻松地在图像上产生与火焰、波浪或烟雾相似的效果。

（9）单击"冻结蒙版工具"按钮 ，将图像中不需要变形的区域涂抹进行冻结，使涂抹的区域不受其他区域变形的影响；使用"向前变形"在图像上拖动，经过冻结的区域图像不会被变形。

（10）单击"解冻蒙版工具"按钮 ，在图像中冻结的区域涂抹，可以解除冻结。

（11）单击"抓手工具"按钮 ，当图像放大到超出预览框时，使用该工具可以移动图像查看。

（12）单击"缩放工具"按钮 ，可以将预览区的图像放大，按住"Alt"键单击鼠标会将图像按比例缩小。

10.4.4　消失点

消失点滤镜可以创建在透视的角度下编辑图像，允许在包含透视平面的图像中进行透视校正编辑。在消失点滤镜选定的图像区域内进行克隆、喷绘、粘贴图像等操作时，操作会自动应用透视原理，按照透视的角度和比例来适应图像的修改，使修饰后的修改更加逼真。选择菜单栏中的 滤镜(T) →消失点(V)... 命令，弹出"消失点"对话框，如图 10.4.12 所示。

图 10.4.12　"消失点"对话框

对话框中各选项的含义如下：

（1）"创建平面工具"按钮 ：可以在预览编辑区的图像中单击并创建平面的 4 个点，节点之间会自动连接成透视平面，在透视平面边缘上按住"Ctrl"键拖动时，就会产生另一个与之配套的透视平面。

（2）"编辑平面工具"按钮 ：可以对创建的透视平面进行选择、编辑、移动和调整大小，存在两个平面时，按住"Alt"键拖动控制点可以改变两个平面的角度。

（3）"选框工具"按钮 ：在平面内拖动即可在平面内创建选区；按住"Alt"键拖动选区可以将选区内的图像复制到其他位置，复制的图像会自动生成透视效果；按住"Ctrl"键拖动选区可以将选区停留的图像复制到创建的选区内。

（4）"图章工具"按钮 ：与软件工具箱中的"仿制图章工具"用法相同，只是多出了修复透视区域效果，按住"Alt"键在平面内取样，松开键盘，移动鼠标到需要仿制的地方按下鼠标拖动即可复制，复制的图像会自动调整所在位置的透视效果。

（5）"画笔工具"按钮 ：使用画笔工具可以在图像内绘制选定颜色的画笔，在创建的平面内绘制的画笔会自动调整透视效果。

（6）"变换工具"按钮 ：使用变换工具可以对选区复制的图像进行调整变换，还可以将复制"消失点"对话框中的其他图像拖动到多维平面内，并可以对其进行移动和变换。

（7）"吸管工具"按钮 ：在图像中采集颜色，选取的颜色可作为画笔的颜色。

（8）"缩放工具"按钮 ：用来缩放预览区的视图，在预览区内单击鼠标会将图像按比例放大，按住"Alt"键单击鼠标会将图像按比例缩小。

（9）"抓手工具"按钮 ：单击并拖动鼠标可在预览窗口中查看局部图像。

设置好参数后，单击 确定 按钮，效果如图 10.4.13 所示。

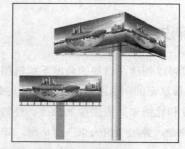

图 10.4.13　应用消失点滤镜前、后效果的对比

10.5　应用实例——制作墙纸效果

本节主要利用所学的知识制作墙纸效果，最终效果如图 10.5.1 所示。

图 10.5.1　最终效果图

操作步骤

（1）启动 Photoshop CS5 应用程序，新建一个宽为"15"厘米、高为"10"厘米的空白文档。

（2）新建图层 1，单击工具箱中的"矩形选框工具"按钮，在新建图像中按住"Shift"键绘制一个正方形选区，效果如图 10.5.2 所示。

（3）将前景色设置为白色，背景色设置为黑色，单击工具箱中的"渐变工具"按钮，从上向下拖曳鼠标对选区进行线性渐变填充，效果如图 10.5.3 所示。

　　　图 10.5.2　绘制正方形选区　　　　　　　图 10.5.3　对选区进行渐变填充

（4）选择菜单栏中的 滤镜(T) → 扭曲 → 波浪... 命令，弹出"波浪"对话框，设置其对话框参数如图 10.5.4 所示。

（5）设置好参数后，单击 确定 按钮，应用波浪滤镜后的图像效果如图 10.5.5 所示。

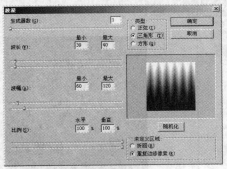 

　　　图 10.5.4　"波浪"对话框　　　　　　　图 10.5.5　应用波浪滤镜后的图像效果

（6）按"Ctrl+D"键取消选区，然后选择菜单栏中的 滤镜(T) → 扭曲 → 极坐标... 命令，弹出"极坐标"对话框，设置其对话框参数如图 10.5.6 所示。

（7）设置好参数后，单击 确定 按钮，应用极坐标滤镜后的图像效果如图 10.5.7 所示。

　　　图 10.5.6　"极坐标"对话框　　　　　　图 10.5.7　应用极坐标滤镜后的图像效果

（8）复制图层 1 为图层 2，选择菜单栏中的 滤镜(T) → 素描 → 铬黄... 命令，弹出"铬黄渐变"对话框，设置其对话框参数如图 10.5.8 所示。

（9）设置好参数后，单击 确定 按钮，应用铬黄滤镜后的图像效果如图 10.5.9 所示。

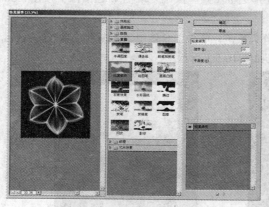

图 10.5.8 "铬黄渐变"对话框　　　　图 10.5.9 应用铬黄滤镜后的图像效果

（10）双击图层 2，弹出"图层样式"对话框，设置其对话框参数如图 10.5.10 所示。

（11）设置好参数后，单击 确定 按钮，应用图层样式后的图像效果如图 10.5.11 所示。

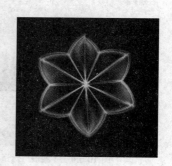

图 10.5.10 "图层样式"对话框　　　　图 10.5.11 应用图层样式后的图像效果

（12）隐藏背景图层，单击工具箱中的"魔术橡皮擦工具"按钮，擦除图层 2 中的黑色背景，效果如图 10.5.12 所示。

（13）复制 3 个图层 2 副本，分别调整 3 个副本图层中的图像大小及位置，然后选择菜单栏中的 图像(I) → 调整(A) → 色相/饱和度(H)... 命令为图像着不同的颜色，效果如图 10.5.13 所示。

图 10.5.12 擦除黑色背景效果　　　　图 10.5.13 复制并为图像着色

（14）显示背景图层，将图层 1 作为当前图层，选择菜单栏中的 图层(L) → 新建调整图层(J) → 渐变映射(M)... 命令，打开渐变映射面板，设置其面板选项如图 10.5.14 所示，得到的效果如图 10.5.15 所示。

图 10.5.14　渐变映射面板

图 10.5.15　调整渐变映射效果

（15）重复步骤（12）的操作，使用魔术橡皮擦擦除图层 1 中的图像背景，然后选择菜单栏中的 图像(I) → 调整(A) → 色相/饱和度(H)... 命令，在弹出的"色相/饱和度"对话框中将饱和度参数设置为"100"。

（16）按"Ctrl+T"键调整图像的大小及位置，然后按住"Alt"键，拖曳出一个副本图层，将图像的颜色调整为蓝色，效果如图 10.5.16 所示。

（17）按住"Alt"键，在新建图像中拖曳出多个图层 1 副本，效果如图 10.5.17 所示。

图 10.5.16　绘制蓝色花朵

图 10.5.17　复制小花朵效果

（18）合并所有图层为"墙纸"图层，然后选择菜单栏中的 滤镜(T) → 渲染 → 镜头光晕... 命令，弹出"镜头光晕"对话框，设置其对话框参数如图 10.5.18 所示，得到的最终效果如图 10.5.1 所示。

图 10.5.18　"镜头光晕"对话框

本 章 小 结

　　本章主要介绍了滤镜特效的应用，包括认识滤镜、内置滤镜概述、智能滤镜的功能以及滤镜的特殊功能等知识。通过本章的学习，读者不仅能够掌握 Photoshop CS5 中滤镜的使用方法，而且也能深刻感受 Photoshop CS5 中滤镜的精彩，更进一步领略了 Photoshop CS5 的风采，为使用 Photoshop CS5 软件进行图形图像处理与图形图像的设计、制作奠定了坚实的基础。

实 训 练 习

一、填空题

　　1．滤镜不能应用在模式为_____与_____的图像中，大部分滤镜只对_____模式的图像可用。

　　2．在 Photoshop CS5 中，_____滤镜可使处理后的图像看上去好像是用彩色铅笔绘制的图案一样。

　　3．在 Photoshop CS5 中，使用_____滤镜可以对图像进行各种扭曲和变形处理。

　　4．_____滤镜将随机像素应用于图像，模拟在高速胶片上拍照的效果，从而为图像添加一些细小的颗粒状像素。

　　5．使用_____滤镜可以快速地将图像变形，如旋转、镜像、膨胀、放射等，从而产生特殊的溶解、扭曲效果。

　　6．在 Photoshop CS5 中，_____滤镜可根据 Adobe 对各种相机与镜头的测量自动校正，可更轻易消除桶状和枕状变形、相片周边暗角，以及造成边缘出现彩色光晕的色像差。

二、选择题

　　1．按（　　）键可重复执行上次使用的滤镜。

　　（A）Ctrl+F　　　　　　　　　　　（B）Ctrl+D

　　（C）Ctrl+C　　　　　　　　　　　（D）Ctrl+Alt+F

　　2．在 Photoshop CS5 中，按（　　）键，则会重新弹出上一次执行的滤镜对话框。

　　（A）Ctrl+Z　　　　　　　　　　　（B）Ctrl+F

　　（C）Ctrl+Alt+F　　　　　　　　　（D）Ctrl+Q

　　3．（　　）滤镜用于为美术或商业项目制作绘画效果或艺术效果。

　　（A）素描　　　　　　　　　　　　（B）画笔描边

　　（C）艺术效果　　　　　　　　　　（D）风格化

　　4．（　　）滤镜可以在图像的表面产生结晶颗粒，使相近的像素集结形成一个多边形网格。

　　（A）晶格化　　　　　　　　　　　（B）点状化

　　（C）彩色半调　　　　　　　　　　（D）马赛克拼贴

　　5．利用模糊滤镜中的（　　）命令可使图像产生任意角度的动态模糊效果。

　　（A）动感模糊　　　　　　　　　　（B）高斯模糊

　　（C）特殊模糊　　　　　　　　　　（D）径向模糊

三、简答题

1．简述滤镜的使用范围和方法。

2．在 Photoshop CS5 中，如何创建与编辑智能滤镜？

3．在 Photoshop CS5 中，滤镜都有哪些特殊功能？

四、上机操作题

使用本章所学的滤镜知识，制作如题图 10.1 所示的海报效果。

题图 10.1　效果图

第 11 章　综合应用实例

为了更好地了解并掌握 Photoshop CS5 的应用，本章准备了一些具有代表性的综合应用实例。所举实例由浅入深地贯穿本书的知识点，使读者能够深入了解 Photoshop CS5 的相关功能和具体应用。

知识要点

- ➡ 绘制孔雀羽毛扇
- ➡ 企业 Logo 设计
- ➡ 电影海报设计
- ➡ 公益广告设计

综合实例 1　绘制孔雀羽毛扇

 实例内容

本例主要绘制孔雀羽毛扇效果，最终效果如图 11.1.1 所示。

图 11.1.1　最终效果图

 设计思想

在制作过程中，主要用到画笔工具、椭圆选框工具、矩形选框工具、渐变工具、减淡工具、加深工具、锐化工具、画笔修复工具、内容识别填充命令、变换命令以及风滤镜等。

 操作步骤

（1）启动 Photoshop CS5 应用程序，按"Ctrl+N"键，弹出"新建"对话框，设置其对话框参数如图 11.1.2 所示。

（2）设置前景色为"黑色"，按"Alt+Delete"键对背景进行填充，然后新建图层 1。

（3）按"X"键转换前景色为"白色"，单击工具箱中的"画笔工具"按钮 ，在其属性栏中设置画笔大小为"2"，然后按住"Shift"键在新建图像中绘制一条直线，效果如图 11.1.3 所示。

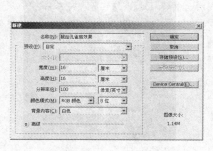

图 11.1.2　"新建"对话框　　　　　　　　图 11.1.3　绘制直线

（4）选择菜单栏中的 编辑(E) → 自由变换(F) 命令，在变换工具属性栏中设置旋转角度为 45°，效果如图 11.1.4 所示。

（5）选择菜单栏中的 滤镜(T) → 风格化 → 风... 命令，弹出"风"对话框，设置其对话框参数如图 11.1.5 所示。

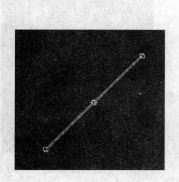

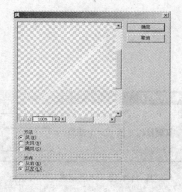

图 11.1.4　旋转线条效果　　　　　　　　图 11.1.5　"风"对话框

（6）设置好参数后，单击 确定 按钮，然后再按"Ctrl+F"键重复使用上一次滤镜效果，如图 11.1.6 所示。

（7）按"Ctrl+T"键，将应用滤镜后的对象旋转"-45"度，效果如图 11.1.7 所示。

图 11.1.6　应用风滤镜后的图像效果　　　　图 11.1.7　旋转后对象效果

（8）复制图层 1 为图层 1 副本，选择菜单栏中的 编辑(E) → 变换 → 水平翻转(H) 命令，对复制的对象进行水平翻转，效果如图 11.1.8 所示。

（9）新建图层 2，单击工具箱中的"椭圆选框工具"按钮 ◯，在新建图像上方绘制一个椭圆形选区，并将其填充为白色，效果如图 11.1.9 所示。

图 11.1.8　复制并水平翻转对象　　　　图 11.1.9　绘制并填充椭圆形选区

（10）保持选区，选择菜单栏中的 选择(S) → 修改(M) → 收缩(C)... 命令，弹出"收缩选区"对话框，设置其对话框参数如图 11.1.10 所示。设置好参数后，单击 确定 按钮关闭该对话框。

（11）按小键盘上的"↑"键一次，将选区上移一个像素，然后按"Delete"键删除选区内的对象，再按"Ctrl+D"键取消选区，效果如图 11.1.11 所示。

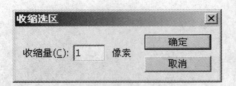 

图 11.1.10　"收缩选区"对话框　　　　图 11.1.11　移动并删除选区内的对象

（12）重复步骤（9）～（11）的操作，使用椭圆选框工具在椭圆内再绘制 4 个小椭圆，效果如图 11.1.12 所示。

（13）按住"Shift"键，使用画笔工具在绘制的对象下方垂直拖曳出一条白色的垂直线，效果如图 11.1.13 所示。

图 11.1.12　绘制 4 个小椭圆　　　　图 11.1.13　绘制垂直直线效果

（14）按"Ctrl+E"键，向下合并除背景层以外的图层为图层 1。

（15）单击图层面板下方的"新建图层组"按钮 <u>　</u>，新建图层组 1，然后将图层 1 拖曳至图层组 1 中。

（16）按"Ctrl+J"键，复制一个图层 1 副本，然后按"Ctrl+T"键，使用移动工具将图层 1 副本中对象的中心点移动至如图 11.1.14 所示的位置。

（17）将图层 1 副本中的对象旋转"10"度，然后按"Enter"键确认变换操作，效果如图 11.1.15 所示。

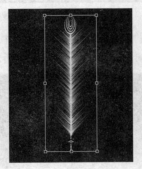
图 11.1.14　移动中心点位置

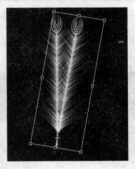
图 11.1.15　将对象旋转"10"度

（18）重复步骤（16）和（17）的操作，复制并旋转对象 7 次，得到羽毛扇子的右半边，效果如图 11.1.16 所示。

（19）复制一个图层组 1 副本，然后选中该组中图层 1，按"Delete"键进行删除。

（20）选择菜单栏中的 编辑(E) → 变换 → 水平翻转(H) 命令，对复制的组 1 副本中的对象进行水平翻转，并将其与组 1 中的对象进行拼接，效果如图 11.1.17 所示。

图 11.1.16　绘制羽毛扇子的左半边

图 11.1.17　复制并翻转对象

（21）隐藏背景图层，按"Ctrl+Shift+Alt+E"键，盖印可见图层为"扇子"图层。

（22）显示背景图层，隐藏图层组 1，然后复制一个扇子图层副本，以加强羽毛的浓度，效果如图 11.1.18 所示。

（23）按"Ctrl+E"键向下合并扇子副本图层为扇子图层，然后按住"Ctrl"键单击扇子图层，将该层载入选区。

（24）单击工具箱中的"渐变工具"按钮 <u>　</u>，在选区中从下向上拖曳鼠标，将选区填充为白色到粉红色的径向渐变，然后取消选区，效果如图 11.1.19 所示。

（25）按"Ctrl+J"键两次，在图层面板中复制两个扇子图层，然后合并所有的扇子图层，效果如图 11.1.20 所示。

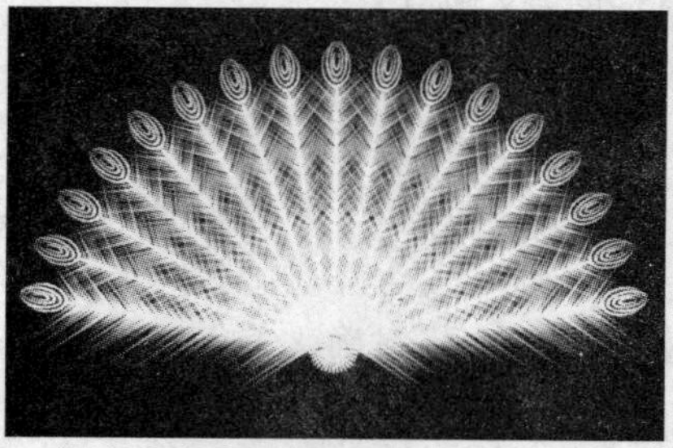

图 11.1.18　加强羽毛的浓度效果

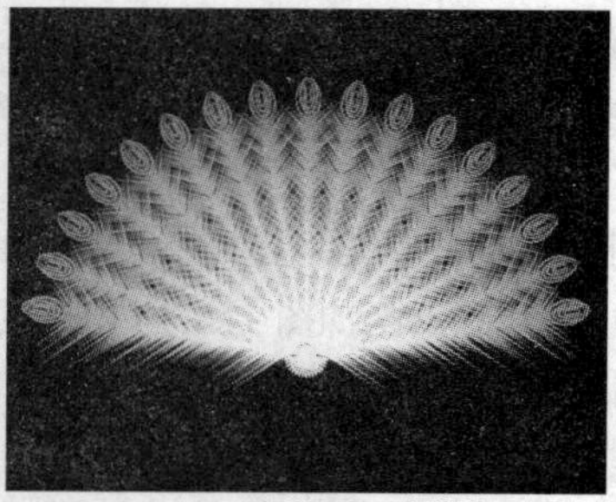

图 11.1.19　渐变填充选区效果

（26）单击工具箱中的“减淡工具”按钮，在其属性栏中设置其范围为“中间值”、曝光度为“20”，然后在扇子的白色区域进行涂抹，以突出扇子的扇骨，效果如图 11.1.21 所示。

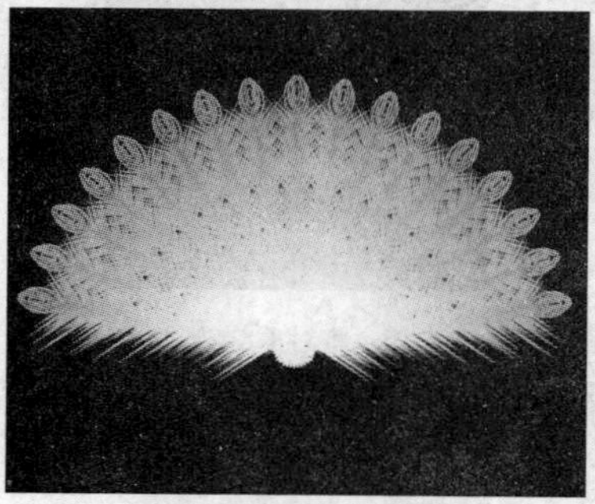

图 11.1.20　复制扇子图层效果

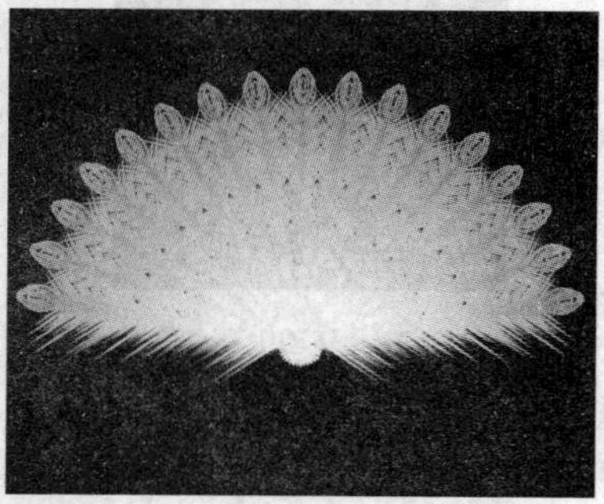

图 11.1.21　显示扇骨效果

（27）按“Ctrl+O”键打开一幅人物图片，并使用移动工具将其拖曳至新建图像中，效果如图 11.1.22 所示。

（28）单击工具箱中的“修复画笔工具”按钮，去除人物图像中左下方的文字。

（29）使用矩形选框工具在黑色背景区域绘制矩形选区，然后选择菜单栏中的 编辑(E) → 填充(L)... 命令，弹出“填充”对话框，设置其对话框参数如图 11.1.23 所示。

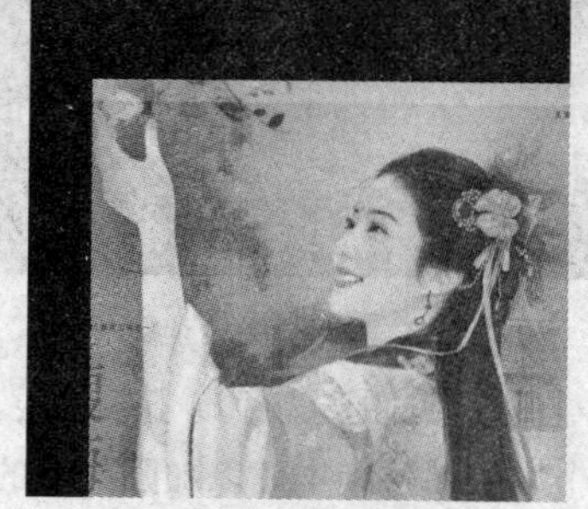

图 11.1.22　复制并移动图像效果

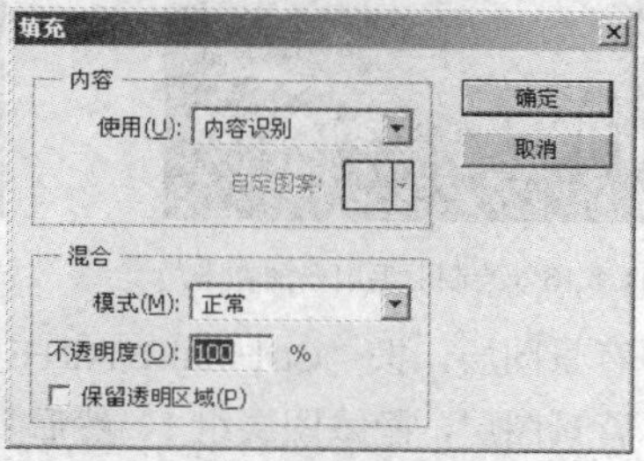

图 11.1.23　“填充”对话框

（30）设置好参数后，单击 确定 按钮，使用内容识别填充选区后的图像效果如图 11.1.24 所示。

（31）使用工具箱中的加深工具、减淡工具以及锐化工具对人物图像进行修饰，效果如图 11.1.25 所示。

（32）将人物图层拖曳至扇子图层的下方，并按“Ctrl+T”键调整扇子图像的大小及位置，效果如图 11.1.26 所示。

图 11.1.24 内容识别填充效果　　　　　图 11.1.25 修饰图像效果

（33）将扇子图层作为当前图层，单击图层面板下方的"添加图层蒙蔽"按钮 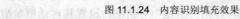，为该图层添加蒙版，如图 11.1.27 所示。

图 11.1.26 调整扇子图像的大小及位置　　　图 11.1.27 添加图层蒙版

（34）设置前景色为黑色，使用画笔工具在人物的手部位置进行涂抹，显示出手指图像，最终效果如图 11.1.1 所示。

综合实例 2　企业 Logo 设计

实例内容

本例主要进行企业 Logo 设计，最终效果如图 11.2.1 所示。

图 11.2.1 最终效果图

设计思想

在制作过程中，主要用到渐变工具、椭圆选框工具、钢笔工具、转换点工具、文字工具、字符面板、图层样式以及将路径转化为选区等命令。

 操作步骤

（1）启动 Photoshop CS5 应用程序，按"Ctrl+N"键，弹出"新建"对话框，设置其对话框参数如图 11.2.2 所示。

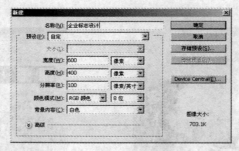

图 11.2.2 "新建"对话框

（2）单击工具箱中的"渐变工具"按钮，设置其属性栏参数如图 11.2.3 所示。

图 11.2.3 "渐变工具"属性栏

（3）设置好参数后，在新建图像中从中心向外拖曳鼠标填充径向渐变，效果如图 11.2.4 所示。

（4）新建图层 1，单击工具箱中的"椭圆选框工具"按钮，按住"Shift"键，在新建图像中绘制一个圆形，并将其填充为橘红色，效果如图 11.2.5 所示。

图 11.2.4 径向渐变填充背景

图 11.2.5 绘制并填充圆形选区

（5）保持选区，选择菜单栏中的 选择(S) → 修改(M) → 收缩(C)... 命令，在弹出的"收缩选区"对话框中设置收缩量为"50"，然后按"Delete"键删除选区内对象，再按"Ctrl+D"键取消选区，效果如图 11.2.6 所示。

（6）按住"Ctrl"键，将图层 1 载入对象，然后单击"渐变工具"属性栏中的 按钮，弹出"渐变编辑器"对话框，设置其对话框参数如图 11.2.7 所示。

（7）按"Ctrl+J"键，复制图层 1 为图层 1 副本。

图 11.2.6 收缩选区效果　　　　　　　　图 11.2.7 "渐变编辑器"对话框

（8）将图层 1 作为当前图层，选择菜单栏中的 图层(L) → 图层样式(Y) → 渐变叠加(G)... 命令，弹出"图层样式"对话框，设置其对话框参数如图 11.2.8 所示。

（9）选中"图层样式"对话框左侧的 ☑ 描边 复选框，设置其对话框参数如图 11.2.9 所示。

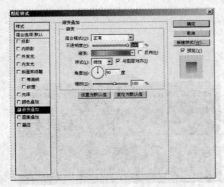

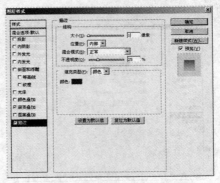

图 11.2.8 "图层样式"对话框　　　　　　图 11.2.9 设置"描边"选项参数

（10）设置好参数后，单击 确定 按钮，为绘制的图像添加图层样式后的效果如图 11.2.10 所示。

（11）将图层 1 副本作为当前图层，双击该图层，弹出"图层样式"对话框，设置其对话框参数如图 11.2.11 所示。

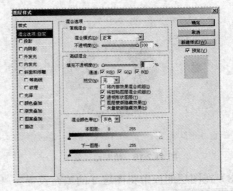

图 11.2.10 添加图层样式后的效果　　　　图 11.2.11 设置"混合选项"参数

（12）选中"图层样式"对话框左侧的 ☑ 内阴影 复选框，设置其对话框参数如图 11.2.12 所示。

（13）选中"图层样式"对话框左侧的 ☑ 内发光 复选框，设置其对话框参数如图 11.2.13 所示。

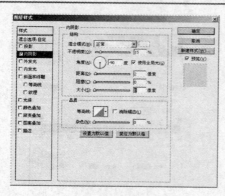

图 11.2.12 设置"内阴影"选项参数

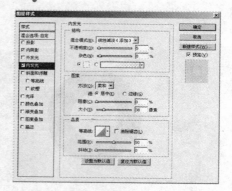

图 11.2.13 设置"内发光"选项参数

（14）选中"图层样式"对话框左侧的 ☑渐变叠加 复选框，设置其对话框参数如图 11.2.14 所示。

（15）设置好各选项参数后，单击 确定 按钮，为圆环图像制作光源后的效果如图 11.2.15 所示。

图 11.2.14 设置"渐变叠加"选项参数

图 11.2.15 为圆环添加光源效果

（16）新建图层 2，单击工具箱中的"钢笔工具"按钮 ，并结合转化点工具 在圆环上方绘制一个如图 11.2.16 所示的路径。

（17）按"Ctrl+Enter"键，将绘制的路径转化为选区，然后将选区填充为深蓝色，效果如图 11.2.17 所示。

图 11.2.16 绘制路径效果

图 11.2.17 将路径转化为选区

（18）在图层面板中将图层 2 的填充设置为"0"，然后双击图层 2，弹出"图层样式"对话框，设置其 混合选项:自定 参数如图 11.2.18 所示。

（19）选中"图层样式"对话框左侧的 ☑内阴影 复选框，设置其对话框参数如图 11.2.19 所示。

（20）选中"图层样式"对话框左侧的 ☑渐变叠加 复选框，设置其对话框参数如图 11.2.20 所示。

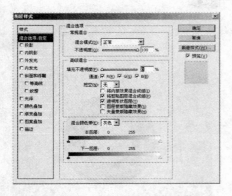

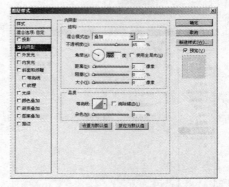

图 11.2.18 设置"混合选项"参数　　　　　图 11.2.19 设置"内阴影"选项参数

（21）设置好参数后，单击  按钮，为圆环图像添加内阴影和渐变叠加制作高光效果如图 11.2.21 所示。

图 11.2.20 设置"渐变叠加"选项参数　　　　图 11.2.21 制作高光效果

（22）复制两个图层 2 副本，按"Ctrl+T"键，分别将高光图像逆时针旋转一定的角度，并向上移动一定的距离，效果如图 11.2.22 所示。

（23）将图层 2 副本作为当前图层，双击该图层，弹出"图层样式"对话框，更改"渐变叠加"选项参数如图 11.2.23 所示。

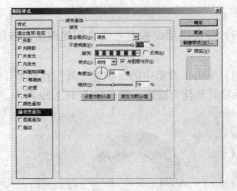

图 11.2.22 复制并旋转高光图像　　　图 11.2.23 设置图层 2 副本中的"渐变叠加"选项

（24）将图层 2 副本 2 作为当前图层，双击该图层，弹出"图层样式"对话框，更改"渐变叠加"选项参数如图 11.2.24 所示。

（25）设置好参数后，单击 确定 按钮，为圆环图像添加暗色纹理后的效果如图 11.2.25

所示。

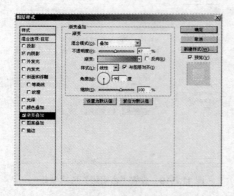

图 11.2.24　设置图层 2 副本 2 中的"渐变叠加"选项

图 11.2.25　为圆环添加暗纹效果

（26）分别更改图层 2 两个副本图层中的参数，使高光部分显示得更加明显些，效果如图 11.2.26 所示。

（27）隐藏背景图层，按"Ctrl+Shift+Alt+E"键盖印可见图层为图层 3，然后为该图层添加斜面和浮雕效果，设置其对话框参数如图 11.2.27 所示。

图 11.2.26　明显显示高光图像效果

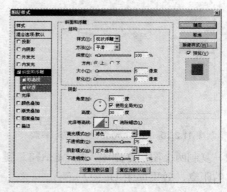

图 11.2.27　设置"斜面和浮雕"选项参数

（28）设置好各选项参数后，单击 ▅▅▅确定▅▅▅ 按钮，添加斜面和浮雕后的图像效果如图 11.2.28 所示。

（29）单击图层面板下方的"新建图层"按钮 ，新建图层 4，并将其拖曳至背景图层的上方。

（30）单击工具箱中的"钢笔工具"按钮 ，在圆环图像的内部绘制一个"m"形状的创意路径，然后将其转化为选区，效果如图 11.2.29 所示。

图 11.2.28　添加斜面和浮雕效果

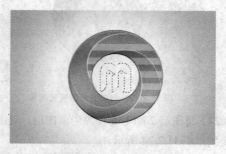

图 11.2.29　将路径转化为选区效果

（31）单击工具箱中的"渐变工具"按钮，设置其属性栏参数如图 11.2.30 所示。

图 11.2.30　"渐变工具"属性栏

（32）设置好参数后，在选区中从上向下拖曳鼠标填充渐变，效果如图 11.2.31 所示。

（33）在图层面板中的图层 3 上单击鼠标右键，从弹出的快捷菜单中选择 拷贝图层样式 命令，然后将拷贝的图层样式粘贴到图层 4 中，并更改"斜面和浮雕"选项参数，如图 11.2.32 所示。

图 11.2.31　渐变填充选区效果

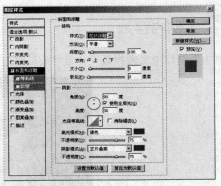

图 11.2.32　更改"斜面和浮雕"选项参数

（34）设置好参数后，单击 确定 按钮，更改斜面和浮雕效果如图 11.2.33 所示。

（35）隐藏背景图层，按"Ctrl+Shift+Alt+E"键盖印可见图层为图层 5，然后隐藏除背景图层以外的其他图层，此时的图层面板如图 11.2.34 所示。

图 11.2.33　更改斜面和浮雕效果

图 11.2.34　图层面板

（36）单击"文本工具"属性栏中的 按钮，打开字符面板，设置其面板参数如图 11.2.35 所示。

（37）设置好参数后，在新建图像中输入公司名称，效果如图 11.2.36 所示。

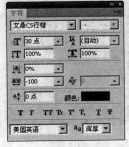

图 11.2.35　字符面板

图 11.2.36　输入文本

（38）使用工具箱中的文本工具 T 在公司名称的下方输入相应的英文字母，最终效果如图 11.2.1 所示。

综合实例 3　电影海报设计

实例内容

本例主要制作电影海报效果，最终效果如图 11.3.1 所示。

图 11.3.1　最终效果图

设计思想

在制作过程中，主要用到快速蒙版、文字工具、渐变工具、模糊工具、扩展选区命令、载入选区命令、羽化命令以及添加杂色滤镜等。

操作步骤

（1）启动 Photoshop CS5 应用程序，按"Ctrl+O"键，打开一个人物图像文件，如图 11.3.2 所示。

（2）设置前景色为"#614C09"，单击图层面板下方的"新建图层"按钮 ，新建图层 1，然后按"Alt+Delete"键填充图像，效果如图 11.3.3 所示。

图 11.3.2　打开人物图像文件　　　　　图 11.3.3　填充图像效果

（3）在图层面板中将图层 1 的混合模式设置为"颜色"，效果如图 11.3.4 所示。

图 11.3.4 设置图层混合模式效果

（4）新建图层 2，设置背景色为"#D1D3D4"，然后按"Ctrl+Delete"键填充图像。

（5）选择菜单栏中的 滤镜(T) → 杂色 → 添加杂色... 命令，弹出"添加杂色"对话框，设置其对话框参数如图 11.3.5 所示。

（6）设置好各选项参数后，单击 确定 按钮，为图像添加杂色滤镜后的效果如图 11.3.6 所示。

图 11.3.5 "添加杂色"对话框 　　　图 11.3.6 添加杂色后的图像效果

（7）在图层面板中设置图层 2 的混合模式为"颜色加深"，效果如图 11.3.7 所示。

图 11.3.7 设置图层 2 为"颜色加深"模式效果

（8）复制一个背景图层，单击工具箱中的"以快速蒙版模式编辑"按钮 ⬜，为背景副本图层添加快速蒙版。

（9）单击工具箱中的"渐变工具"按钮 ⬛，设置其属性栏参数如图 11.3.8 所示。

图 11.3.8 "渐变工具"属性栏

（10）设置好参数后，从图像的中心向外拖曳鼠标将图像填充为白色到黑色的径向渐变，效果如图 11.3.9 所示。

图 11.3.9　渐变填充效果

（11）双击快速蒙版通道，弹出"快速蒙版选项"对话框，设置对话框选项如图 11.3.10 所示。设置完成后，单击 确定 按钮，关闭该对话框。

（12）单击工具箱中的"以标准模式编辑"按钮，系统会自动生成径向渐变产生的未被遮罩的图像选区，如图 11.3.11 所示。

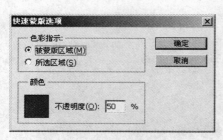

图 11.3.10　"快速蒙版选项"对话框　　　　图 11.3.11　未被遮罩的图像选区

（13）将背景副本图层作为当前图层，按"Delete"键删除选区内图像，此时的图层面板如图 11.3.12 所示。

（14）在图层面板中隐藏图层 1 和图层 2，然后设置背景副本图层的混合模式为"差值"，效果如图 11.3.13 所示。

图 11.3.12　图层面板　　　　　　　图 11.3.13　设置图层混合模式效果

（15）再次复制背景层为背景副本 2，然后隐藏图层面板中的其他图层。

（16）单击工具箱中的"以快速蒙版模式编辑"按钮，为背景副本 2 图层添加快速蒙版。

（17）使用工具箱中的渐变工具在左边人物的左眼上向外拖曳鼠标，拉出一个眼球中心到眼角的渐变效果，如图 11.3.14 所示。

（18）双击快速蒙版通道，弹出"快速蒙版选项"对话框，设置对话框如图 11.3.15 所示。设置完成后，单击 确定 按钮，关闭该对话框。

（19）单击工具箱中的"以标准模式编辑"按钮，系统会自动生成径向渐变产生的图像选区，效果如图 11.3.16 所示。

图 11.3.14　拉出渐变效果

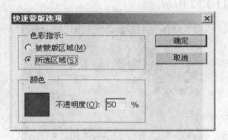

图 11.3.15　"快速蒙版选项"对话框

（20）按"Shift+Ctrl+I"键反选选区，然后将背景副本 2 图层作为当前图层，按"Delete"键删除选区内图像，效果如图 11.3.17 所示。

图 11.3.16　绘制眼部选区效果

图 11.3.17　反选并删除选区内图像

（21）按"Ctrl+D"键取消选区，然后显示背景图层和背景副本图层。

（22）在图层面板中将背景副本 2 的图层混合模式设置为"亮光"，然后显示图层 1 和图层 2，此时的图像效果如图 11.3.18 所示。

（23）复制背景图层为背景副本 3，然后重复步骤（16）～（22）的操作，制作右侧人物图像左眼高光效果，如图 11.3.19 所示。

图 11.3.18　制作左侧人物眼部的高光效果

图 11.3.19　制作右侧人物眼部的高光效果

（24）单击图层面板下方的"新建图层"按钮 ，新建图层 3，并将其拖曳至图层 2 的下方。

（25）单击工具箱中的"画笔工具"按钮 ，设置其属性栏参数如图 11.3.20 所示。

图 11.3.20　"画笔工具"属性栏

（26）设置好参数后，在图像中进行涂抹，制作海报的划痕效果，然后将图层 3 的混合模式设置为"滤色"，效果如图 11.3.21 所示。

（27）将图层 2 作为当前图层，然后单击工具箱中的"模糊工具"按钮 ⬤ ，在图像中进行涂抹，效果如图 11.3.22 所示。

图 11.3.21 制作划痕效果　　　　　　　图 11.3.22 模糊图像效果

（28）单击工具箱中的"文字工具"按钮 T ，在其属性栏中单击 ▣ 按钮，打开字符面板，设置其面板参数如图 11.3.23 所示。

（29）设置好参数后，在图像的下方输入如图 11.3.24 所示的文字。

图 11.3.23 字符面板　　　　　　　　图 11.3.24 输入文字

（30）在图层面板中的文字图层上单击鼠标右键，从弹出的快捷菜单中选择 栅格化文字 命令，栅格化文字图层。

（31）按住"Ctrl"键的同时单击栅格化后的文字图层，将其载入选区。

（32）选择菜单栏中的 选择(S) → 修改(M) → 扩展(E)... 命令，弹出"扩展选区"对话框，设置其对话框参数如图 11.3.25 所示。

（33）按"Shift+F6"键，在弹出的"羽化选区"对话框中设置羽化值为"10"，羽化后的选区效果如图 11.3.26 所示。

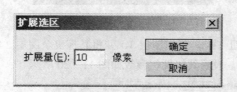 

图 11.3.25 "扩展选区"对话框　　　　图 11.3.26 扩展并羽化选区效果

（34）新建图层 4，设置前景色为橘黄色，然后对选区进行填充，并将图层 4 的混合模式设置为"强光"，效果如图 11.3.27 所示。

（35）使用文本工具在图像的左上方输入该影片的网址，然后在图层面板中将该文本图层拖曳至背景图层的上方，效果如图 11.3.28 所示。

图 11.3.27　填充选区效果　　　　　　　　　图 11.3.28　输入网址

（36）复制一个栅格化后的影片名称图层，然后按"Ctrl+T"键调整图像的大小及位置，并在图层面板中将该图层的不透明度设置为"25%"，最终效果如图 11.3.1 所示。

综合实例 4　公益广告设计

实例内容

本例主要制作公益广告，最终效果如图 11.4.1 所示。

图 11.4.1　最终效果图

设计思想

在制作过程中，将用到图形元件、按钮元件、影片剪辑元件、对齐面板、动作面板以及传统补间动画等命令。

操作步骤

（1）启动 Photoshop CS5 应用程序，按"Ctrl+N"键，弹出"新建"对话框，设置其对话框参数如图 11.4.2 所示。

（2）设置前景色为"#D1875A"、背景色为"#412635"，单击工具箱中的"渐变工具"按钮，在背景图层的右下角向左上角拖曳鼠标,创建一个前景色到背景色的径向渐变,效果如图 11.4.3 所示。

图 11.4.2 "新建"对话框

图 11.4.3 填充径向渐变背景效果

(3)单击图层面板下方的"新建图层"按钮 ，新建图层 1。

(4)设置前景色为"#C26935"、背景色为"#FFEDA8"，选择菜单栏中的 滤镜(T) → 渲染 → 云彩 命令，效果如图 11.4.4 所示。

(5)选择菜单栏中的 图像(I) → 图像旋转(G) → 90 度(顺时针)(9) 命令，将画布旋转 90°。

(6)选择菜单栏中的 滤镜(T) → 渲染 → 纤维... 命令，弹出"纤维"对话框，设置其对话框参数如图 11.4.5 所示。设置好参数后，单击 确定 按钮，关闭该对话框。

图 11.4.4 应用云彩滤镜效果

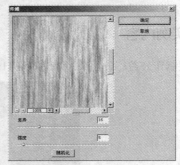

图 11.4.5 "纤维"对话框

(7)按"Ctrl+T"键，将画布逆时针旋转 90°，效果如图 11.4.6 所示。

(8)选择菜单栏中的 滤镜(T) → 扭曲 → 扩散亮光... 命令，弹出"扩散亮光"对话框，设置其对话框参数如图 11.4.7 所示。

图 11.4.6 应用纤维滤镜并逆时针旋转画布效果

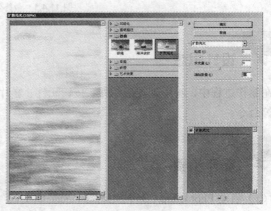

图 11.4.7 "扩散亮光"对话框

（9）设置好参数后，单击 ◻◻◻◻确定◻◻◻◻ 按钮，应用扩散亮光滤镜后的图像效果如图 11.4.8 所示。

（10）在图层面板中将图层 1 的混合模式设置为"叠加"，效果如图 11.4.9 所示。

图 11.4.8　应用扩散亮光滤镜后的图像效果　　　　图 11.4.9　设置"叠加"模式后的图像效果

（11）单击工具箱中的"矩形选框工具"按钮 ▦，在新建图像中绘制一个矩形选区，然后按 "Delete"键删除选区内图像，效果如图 11.4.10 所示。

（12）按"Ctrl+J"键，复制一个图层 1 副本，此时的图层面板如图 11.4.11 所示。

图 11.4.10　删除选区内图像　　　　　　　图 11.4.11　图层面板

（13）选择菜单栏中的 编辑(E) → 变换 → 垂直翻转(W) 命令，将图层 1 副本中的图像进行垂直 翻转，并将其下移，与图层 1 中图像的下方进行拼接，效果如图 11.4.12 所示。

（14）将图层 1 作为当前图层，选择菜单栏中的 图像(I) → 调整(A) → 亮度/对比度(C)... 命令， 弹出"亮度/对比度"对话框，设置其对话框参数如图 11.4.13 所示。

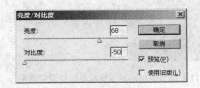

图 11.4.12　翻转并移动对象位置　　　　图 11.4.13　"亮度/对比度"对话框

（15）设置好各选项参数后，单击 ◻◻确定◻◻ 按钮，调整图像亮度和对比度后的效果如图 11.4.14 所示。

（16）将图层 1 副本作为当前图层，选择菜单栏中的 滤镜(T) → 扭曲 → 波纹... 命令，弹出"波 纹"对话框，设置其对话框参数如图 11.4.15 所示。

图 11.4.14 调整图像亮度和对比度后的效果　　　图 11.4.15 "波纹"对话框

（17）设置好参数后，单击 确定 按钮，应用波纹滤镜后的图像效果如图 11.4.16 所示。

（18）确认图层 1 副本为当前图层，选择菜单栏中的 滤镜(T) → 模糊 → 动感模糊... 命令，弹出"动感模糊"对话框，设置其对话框参数如图 11.4.17 所示。

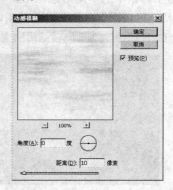

图 11.4.16 应用波纹滤镜后的图像效果　　　图 11.4.17 "动感模糊"对话框

（19）设置好参数后，单击 确定 按钮，应用动感模糊滤镜后的图像效果如图 11.4.18 所示。

（20）将图 1 副本向上移动 5 个像素，然后使用矩形选框工具在图层 1 和图层 1 副本重叠对象的上方绘制一个矩形选区，并删除选区内对象，效果如图 11.4.19 所示。

图 11.4.18 应用动感模糊滤镜后的图像效果　　　图 11.4.19 绘制并删除选区内图像

（21）按"Ctrl+D"键取消选区，单击图层面板下方的"新建图层"按钮，新建图层 2。

（22）单击工具箱中的"椭圆选框工具"按钮，按住"Shift"键在新建图像中绘制一个圆形选区，然后将其填充为白色，效果如图 11.4.20 所示。

（23）按"Ctrl+D"键取消选区，然后单击工具箱中的"橡皮擦工具"按钮，设置其大小和形状如图 11.4.21 所示。

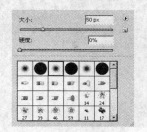

图 11.4.20 绘制并填充圆形选区　　　　　图 11.4.21 设置橡皮擦大小和形状

（24）设置好参数后，按住"Shift"键，在新建图像中水平擦除圆形下半部分的图像，如图 11.4.22 所示。

（25）双击图层 2，弹出"图层样式"对话框，设置其对话框参数如图 11.4.23 所示。

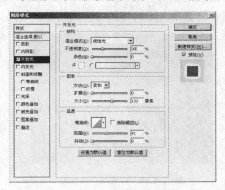

图 11.4.22 擦除图像效果　　　　　图 11.4.23 "图层样式"对话框

（26）设置好各选项参数后，单击 确定 按钮，为图像添加外发光后的效果如图 11.4.24 所示。

（27）选择菜单栏中的 滤镜(T) → 模糊 → 高斯模糊... 命令，弹出"高斯模糊"对话框，设置其对话框参数如图 11.4.25 所示。

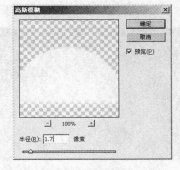

图 11.4.24 添加外发光效果　　　　　图 11.4.25 "高斯模糊"对话框

（28）设置好参数后，单击 确定 按钮，应用高斯模糊滤镜后的图像效果如图 11.4.26 所示。

（29）单击图层面板下方的"新建图层"按钮 ，新建图层 3。

（30）使用工具箱中的矩形选框工具沿图像的拼接处绘制一个矩形选区，并将其填充为黑色，效果如图 11.4.27 所示。

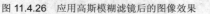

图 11.4.26　应用高斯模糊滤镜后的图像效果

图 11.4.27　绘制并填充选区

（31）单击工具箱中的"橡皮擦工具"按钮 ，按住"Shift"键，擦除矩形图像的下半部分，效果如图 11.4.28 所示。

（32）在图层面板中将图层 3 的不透明度设置为"20%"，然后将橡皮擦工具的大小调整为比太阳略大一点，将遮挡太阳的黑色分界线擦除，效果如图 11.4.29 所示。

图 11.4.28　绘制海平线效果

图 11.4.29　背景地平线效果

（33）单击图层面板下方的"新建图层"按钮 ，新建图层 4。

（34）单击工具箱中的"多边形套索工具"按钮 ，在新建图像中绘制一个波纹图形选区，效果如图 11.4.30 所示。

（35）将绘制的选区填充为"白色"，然后按"Ctrl+D"键，取消选区。

（36）选择菜单栏中的 编辑(E) → 变换 → 透视(P) 命令，将绘制的图像变换为如图 11.4.31 所示的形状。

图 11.4.30　绘制波纹图形

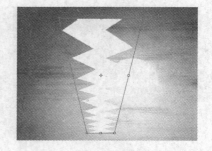

图 11.4.31　透视图像效果

（37）按"Enter"键，确认变换操作，再按"Ctrl+T"键，向下缩小图像，并将其移至太阳的下方，然后在图层面板中设置其不透明度为"70%"，效果如图 11.4.32 所示。

（38）按"Ctrl+O"键，打开一幅风景图片，如图 11.4.33 所示。

（39）使用移动工具将其拖曳到新建图像中，然后按"Ctrl+T"键，调整其大小及位置，并将其图层混合模式设置为"强光"，效果如图 11.4.34 所示。

图 11.4.32 绘制的涟漪效果

图 11.4.33 打开的图像文件

（40）单击图层面板下方的"添加图层蒙版"按钮 ，为图片图层添加蒙版效果，然后使用黑色画笔在山和船以外的图像中进行涂抹，效果如图 11.4.35 所示。

图 11.4.34 复制并编辑图片效果

图 11.4.35 融合图像效果

（41）新建图层 5，使用钢笔工具在新建图像中绘制出大雁的形状，并将其填充为黑色，效果如图 11.4.36 所示。

（42）在图层面板中分别设置大雁图像的不透明度，效果如图 11.4.37 所示。

图 11.4.36 绘制大雁图像

图 11.4.37 设置大雁不透明度效果

（43）使用工具箱中的直排文本工具 在新建图像的右上方输入文字，公益广告的最终效果如图 11.4.1 所示。

第 12 章 上 机 实 训

本章通过上机实训培养读者的实际操作能力，使读者达到巩固并检验前面所学知识的目的。

知识要点

- ▶ Photoshop CS5 操作基础
- ▶ 图像范围的选取及编辑
- ▶ 绘制图像
- ▶ 修饰图像
- ▶ 文字处理
- ▶ 图像色彩调整与颜色转换
- ▶ 图层的应用及操作
- ▶ 通道与蒙版的应用及操作
- ▶ 路径、形状与动作的应用
- ▶ 滤镜特效的应用

实训 1 Photoshop CS5 操作基础

1．实训内容

在制作过程中，主要用到缩放工具、标尺、辅助线、裁剪工具、旋转画布命令以及首选项参数等。最终效果如图 12.1.1 所示。

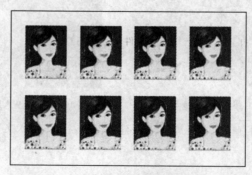

图 12.1.1 最终效果图

2．实训目的

掌握 Photoshop CS5 的基本操作方法，并能熟练使用辅助工具处理图像。

3．操作步骤

（1）选择菜单栏中的 文件(F) → 新建(N)… 命令，新建一个图像文件。

（2）选择菜单栏中的 编辑(E) → 首选项(N) → 单位与标尺(U)… 命令，弹出"首选项"对话框，设置其对话框参数如图 12.1.2 所示。设置好参数后，单击 ▨确定▨ 按钮，关闭该对话框。

（3）按"Ctrl+R"键显示标尺，然后使用工具箱中的缩放工具 🔍 放大显示标尺的刻度，再将鼠标指针移至标尺的左上角上，按住鼠标左键向中心拖曳重新定位标尺的原点，效果如图 12.1.3 所示。

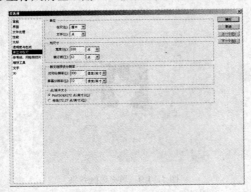

图 12.1.2 "首选项"对话框

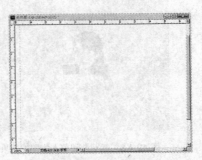

图 12.1.3 重新定位标尺的原点

（4）分别使用鼠标指针从水平和垂直标尺上拖曳出两条参考线到标尺的 0 厘米位置，如图 12.1.4 所示。

（5）在垂直标尺的 2.6 厘米位置建立一条垂直参考线，然后在水平标尺的 3.5 厘米处建立一条水平参考线，效果如图 12.1.5 所示。

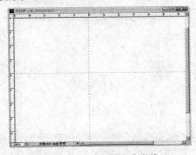

图 12.1.4 建立原点参考线

图 12.1.5 确定整个证件照的尺寸

（6）按"Ctrl+O"键，打开一幅人物图像文件，使用工具箱中的矩形选框工具在图像中绘制一个如图 12.1.6 所示的矩形选区。

（7）按"Ctrl+C"键复制选区中的图像，然后在新建图像中按"Ctrl+V"键粘贴复制的图像，并按"Ctrl+T"键，调整图像的大小及位置，效果如图 12.1.7 所示。

图 12.1.6 选取人物头像

图 12.1.7 复制照片到新建图像中

（8）单击工具箱中的"裁剪工具"按钮 🔲，沿参考线拖曳出一个矩形选框，然后按"Enter"键，确认裁剪操作。

（9）选择菜单栏中的 图像(I) → 调整(A) → 变化... 命令，在弹出的"变化"对话框中调整人物照片的颜色，效果如图 12.1.8 所示。

（10）单击工具箱中的"快速选择工具"按钮，选取人物图像的白色背景，然后将其填充为红色，效果如图 12.1.9 所示。

图 12.1.8　裁剪并调整人物图像效果

图 12.1.9　填充选区效果

（11）隐藏照片图层，选择菜单栏中的 图像(I) → 画布大小(S)... 命令，弹出"画布大小"对话框，设置其对话框参数如图 12.1.10 所示。

（12）设置好参数后，单击 确定 按钮，然后在新建图像中创建如图 12.1.11 所示的辅助线，可以放置 8 张一寸照片。

图 12.1.10　"画布大小"对话框

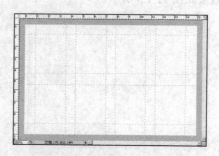

图 12.1.11　创建辅助线效果

（13）显示照片图层，并将其拖曳至第一个格子中，效果如图 12.1.12 所示。

（14）按住"Shift+Alt"键，使用移动工具在新建图像中拖曳出 7 张证件照副本，如图 12.1.13 所示。

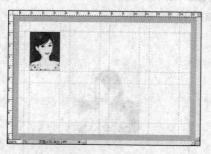

图 12.1.12　显示并移动照片效果

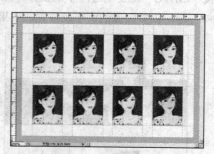

图 12.1.13　复制证件照效果

（15）分别按"Ctrl+R"和"Ctrl+H"键，隐藏图像窗口中的标尺和参考线，最终效果如图 12.1.1 所示。

实训 2 图像范围的选取及编辑

1．实训内容

在制作过程中，主要用到椭圆选框工具、渐变工具、画笔工具、魔棒工具以及修改选区等命令。最终效果如图 12.2.1 所示。

图 12.2.1 最终效果图

2．实训目的

熟练掌握选区的创建方法与技巧，并学会对绘制的选区进行各种编辑操作。

3．操作步骤

（1）新建一个图像文件，单击工具箱中的"椭圆选框工具"按钮 ⬭，按住"Shift"键的同时，在新建图像中绘制一个圆形选区。

（2）单击工具箱中的"渐变工具"按钮 ▦，在其属性栏中单击 ▬▬ 按钮，在弹出的"渐变编辑器"对话框中设置第 1 个色标值为"#0d0d0d"、第 2 个色标值为"#5f5f5f"、第 3 个色标值为"#dbdbdb"、第 4 个色标值为"#fafafa"，填充类型为"径向渐变"。

（3）设置好参数后，新建一个图层，在选区中从左上向右下拖曳鼠标填充渐变，效果如图 12.2.2 所示。

（4）新建一个图层，将选区向下移动一个像素，并将其填充为"#424242"，然后按住"Shift"键将选区向下移动一个像素。

（5）选择菜单栏中的 选择(S) → 修改(M) → 羽化(F)... 命令，弹出"羽化选区"对话框，设置其对话框参数如图 12.2.3 所示。设置好参数后，单击 确定 按钮，然后按"Delete"删除选区内像素，效果如图 12.2.4 所示。

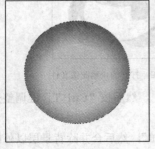

图 12.2.2 填充选区

图 12.2.3 "羽化选区"对话框

（6）按住"Ctrl"键，单击图层面板中的第 1 个圆形缩览图，将其载入选区。

（7）新建一个图层，将选区向上移动一个像素，然后将选区填充为"#aeaeae"，再按住"Shift"键将选区向下移动一个像素，羽化选区后将其删除，效果如图 12.2.5 所示。

图 12.2.4　删除选区内像素

图 12.2.5　绘制按钮立体效果

（8）选择菜单栏中的 选择(S) → 修改(M) → 收缩(C)... 命令，在弹出的"收缩选区"对话框中设置收缩量为"40"，收缩选区后的效果如图 12.2.6 所示。

（9）重复步骤（3）的操作，设置第 1 个色标值为"#ff6363"、第 2 个色标值为"#803736"、第 3 个色标值为"#3f3f3f"，填充选区后的图像效果如图 12.2.7 所示。

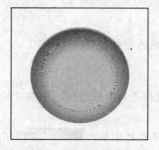
图 12.2.6　收缩选区后的图像效果

图 12.2.7　填充选区后的图像效果

（10）按"Ctrl+D"键，取消选区。设置前景色为白色，单击工具箱中的"画笔工具"按钮，为按钮的顶部添加白色高光效果，如图 12.2.8 所示。

（11）按"Ctrl+O"键，打开一幅如图 12.2.9 所示的图像文件，然后使用工具箱中的魔棒工具选取企鹅图像，按"Ctrl+C"键对其进行复制。

图 12.2.8　为按钮添加高光效果

图 12.2.9　打开的企鹅图像文件

（12）按"Ctrl+V"键，将复制的图像粘贴到新建图像中，然后按"Ctrl+T"键调整企鹅图像的大小及位置，效果如图 12.2.10 所示。

（13）在图层面板中将企鹅图层的混合模式设置为"叠加"，然后合并除背景层以外的其他图层为图层 1，效果如图 12.2.11 所示。

图 12.2.10 复制并调整图像效果　　图 12.2.11 设置图层混合模式效果

（14）按住"Alt"键，在新建图像中拖曳出两个按钮副本，并将背景图层的颜色设置为"#f4d773"，最终效果如图 12.2.1 所示。

实训 3 绘制图像

1．实训内容

在制作过程中，主要用到钢笔工具、路径选择工具、画笔工具、橡皮擦工具、反相命令以及高斯模糊滤镜等。最终效果如图 12.3.1 所示。

图 12.3.1 最终效果图

2．实训目的

掌握图形图像的绘制方法与技巧，并学会对绘制的图像进行各种编辑操作。

3．操作步骤

（1）新建一个图像文件，单击工具箱中的"钢笔工具"按钮 ，在新建图像中绘制多条路径，然后使用路径选择工具 框选图像中的路径，单击属性栏中的"左对齐"按钮 ，将绘制的路径左对齐，效果如图 12.3.2 所示。

（2）新建图层 1，单击工具箱中的"画笔工具"按钮 ，在其属性栏中设置画笔大小为"3"，然后设置前景色为白色，单击路径面板底部的"用画笔描边路径"按钮 ，即可对路径进行描边，效果如图 12.3.3 所示。

（3）取消对绘制路径的选择，隐藏背景图层，然后按"Ctrl+I"键对图层 1 的图像进行反相，再选择菜单栏中的 编辑(E) → 定义画笔预设(B)… 命令，在弹出的"画笔名称"对话框中设置画笔名称为"蒲公英"。

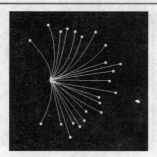

图 12.3.2 左对齐路径效果

图 12.3.3 描边路径效果

（4）新建图层 2，然后单击路径面板底部的"创建新路径"按钮 ，新建路径 1，重复步骤（1）和（2）的操作，绘制另一个路径，并对其进行描边，效果如图 12.3.4 所示。

（5）取消对绘制路径的选择，隐藏背景图层和图层 1，然后按"Ctrl+I"键对图层 2 的图像进行反相，效果如图 12.3.5 所示。

图 12.3.4 绘制蒲公英 1

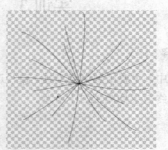

图 12.3.5 反相图层 2 中的图像

（6）重复步骤（3）的操作，定义一个画笔名称为"蒲公英 1"的画笔，此时即可在画笔工具的预设面板中看到定义的两个蒲公英画笔，如图 12.3.6 所示。

（7）隐藏图层 1 和图层 2，新建图层 3，然后使用定义的"蒲公英"和"蒲公英 1"画笔在新建图像中呈圆形点缀出蒲公英图形，适当变换画笔角度和画笔大小，效果如图 12.3.7 所示。

图 12.3.6 定义的画笔

图 12.3.7 绘制蒲公英形状

（8）按"Ctrl+J"键复制 2 个图层 3 副本，然后按"Ctrl+E"键合并复制后的图层为图层 3，效果如图 12.3.8 所示。

（9）复制一个图层 3 副本，然后按"Ctrl+T"键，将复制到图层 3 副本旋转一定的角度，再次复制一个图层 3 并对其进行合并。

（10）在蒲公英的内部绘制一个圆形，然后按"Ctrl+Shift+I"键反选选区，对选区内的图像应用模糊滤镜，再使用橡皮擦工具 在蒲公英的边缘由外向内进行擦除，效果如图 12.3.9 所示。

（11）再次复制一个图层 3 并对其进行旋转和合并，然后新建图层 4，使用椭圆选框工具在蒲公英的中心绘制一个椭圆选区，并将其填充为棕色。

图 12.3.8　复制并合并图层 3 副本效果　　　　图 12.3.9　模糊并擦除蒲公英效果

（12）选择菜单栏中的 滤镜(I) → 模糊 → 高斯模糊... 命令，在弹出的"高斯模糊"对话框中设置模糊半径为"17"，绘制出花蕊效果如图 12.3.10 所示。

（13）新建图层 5，并将其拖曳到图层 4 的下方，使用工具箱中的画笔工具 在新建图像中绘制蒲公英的茎，效果如图 12.3.11 所示。

图 12.3.10　绘制的花蕊效果框　　　　　图 12.3.11　绘制蒲公英的茎

（14）合并除背景层以外的其他图层为图层 1，然后按住"Alt"键，在新建图像中拖曳出多个副本图层，并对各图层进行变换操作，如图 12.3.12 所示。

（15）按"Ctrl+O"键，打开一幅如图 12.3.13 所示的图像文件，然后将其拖曳到新建图像中，将其作为图像的背景，最终效果如图 12.3.1 所示。

图 12.3.12　复制并变换图像效果　　　　图 12.3.13　打开的图像文件

实训 4　修 饰 图 像

1. 实训内容

在制作过程中，主要用到减淡工具、磁性套索工具、橡皮擦工具、画笔工具、图层蒙版以及风滤镜等。最终效果如图 12.4.1 所示。

图 12.4.1 最终效果图

2. 实训目的

掌握 Photoshop CS5 中各种修饰图像工具的使用方法与技巧。

3. 操作步骤

（1）按"Ctrl+O"键，打开一幅如图 12.4.2 所示的图像文件。

（2）单击工具箱中的"减淡工具"按钮 ，在图像的暗色调处进行涂抹，效果如图 12.4.3 所示。

图 12.4.2 打开的图像　　　　　　　　　图 12.4.3 减淡图像效果

（3）打开一幅如图 12.4.4 所示的人物图像，使用工具箱中的磁性套索工具 选取图像中的人物图像，然后按"Ctrl+C"键复制选区中的图像。

（4）切换到第 1 幅图像中，按"Ctrl+V"键将选取的人物图像复制到合适的位置，效果如图 12.4.5 所示。

图 12.4.4 打开的人物图像　　　　　　　图 12.4.5 复制人物图像

（5）按"Ctrl+E"键，向下合并图层为背景图层，然后按"Ctrl+J"键 3 次，复制 3 个副本图层。

（6）将图层 1 作为当前图层，隐藏其他两个图层副本，选择菜单栏中的 `滤镜(T)` → `风格化` → `风....` 命令，在弹出的"风"对话框中设置方法为 `⊙ 风(W)`、方向为 `⊙ 从右(R)`，然后再按"Ctrl+F"键重复执行一次风滤镜，效果如图 12.4.6 所示。

（7）重复步骤（6）的操作，执行两次风从左吹的风滤镜效果，如图 12.4.7 所示。

图 12.4.6　执行风向右吹滤镜效果　　　　图 12.4.7　执行风向左吹滤镜效果

（8）将图层 1 副本作为当前图层，然后选择菜单栏中的 `图像(I)` → `图像旋转(G)` → `90 度(顺时针)(9)` 命令，将画布顺时针旋转 90 度。

（9）重复步骤（6）和（7）的操作，应用风格化滤镜效果，然后选择菜单栏中的 `图像(I)` → `图像旋转(G)` → `90 度(逆时针)(0)`，将画布逆时针旋转 90 度，效果如图 12.4.8 所示。

（10）在图层面板中将图层 1 副本层的混合模式设置为"颜色加深"，效果如图 12.4.9 所示。

图 12.4.8　旋转并应用风滤镜效果　　　　图 12.4.9　设置图层混合模式效果

（11）将图层 1 副本 2 作为当前图层，单击图层面板下方的"添加图层蒙版"按钮 `▣`，为该图层添加一个图层蒙版。

（12）设置前景色为黑色，使用工具箱中的画笔工具 ✎ 在天鹅和人物图像的背景部分进行涂抹，显示出人物图像，效果如图 12.4.10 所示。

（13）按"Ctrl+E"键合并除背景图层外的所有图层为图层 1，然后将该图层的混合模式设置为"柔光"，效果如图 12.4.11 所示。

图 12.4.10　应用画笔工具涂抹后的图像效果　　　　图 12.4.11　合并并设置混合模式效果

（14）按"Ctrl+J"键，复制图层 1 为图层 1 副本，将该图层的混合模式设置为"滤色"。

（15）选择菜单栏中的 滤镜(T) → 模糊 → 高斯模糊... 命令，在弹出的"高斯模糊"对话框中设置模糊半径为"4"，效果如图 12.4.12 所示。

图 12.4.12　高斯模糊图像效果

（16）重复步骤（11）和（12）的操作，在人物和天鹅图像上进行涂抹，突出显示人物图像，最终效果如图 12.4.1 所示。

实训 5　文 字 处 理

1．实训内容

在制作过程中，主要用到横排文字蒙版工具、存储选区命令、载入选区命令、收缩选区命令、拼贴滤镜、中间值滤镜、最小值滤镜以及光照效果滤镜等。最终效果如图 12.5.1 所示。

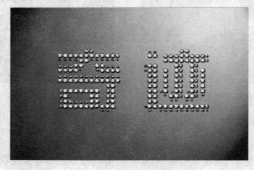

图 12.5.1　最终效果图

2．实训目的

掌握文字工具的使用方法与技巧，并能熟练对输入的文字进行编辑。

3．操作步骤

（1）启动 Photoshop CS5 应用程序，按"Ctrl+N"键，新建一个图像文件。

（2）单击工具箱中的"横排文字蒙版工具"按钮 ，在新建图像中输入文字"奇迹"，效果如图 12.5.2 所示。

（3）选择菜单栏中的 选择(S) → 存储选区(V)... 命令，存储文字选区，即可在通道面板中创建一个"Alpha 1"通道，如图 12.5.3 所示。

（4）在图层面板中复制"Alpha 1"通道为"Alpha 1 副本"通道，然后选中"Alpha 1"通道，按"Ctrl+D"键取消选区。

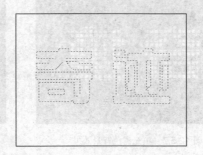

图 12.5.2　创建文字选区

（5）在工具箱中将背景色设置为黑色，然后选择菜单栏中的 滤镜(I) → 风格化 → 拼贴... 命令，在弹出的"拼贴"对话框中设置拼贴数为"30"、最大位移为"2"、填充空白区域用"背景色"，效果如图 12.5.4 所示。

图 12.5.3　"Alpha 1"通道　　　　　　　　图 12.5.4　创建的网格效果

（6）按住"Ctrl"键，单击"Alpha 1 副本"通道，然后选择菜单栏中的 选择(S) → 修改(M) → 收缩(C)... 命令，将文字的边缘缩小"1"像素，效果如图 12.5.5 所示。

（7）选择菜单栏中的 选择(S) → 反向(I) 命令，或按"Ctrl+Shift+I"键反向选取文字的范围，效果如图 12.5.6 所示。

图 12.5.5　缩小选区　　　　　　　　　　图 12.5.6　反选选区

（8）选择菜单栏中的 编辑(E) → 填充(L)... 命令，弹出"填充"对话框，将选区填充为黑色背景，效果如图 12.5.7 所示。

（9）按"Ctrl+D"键取消选取范围，然后选择菜单栏中的 滤镜(I) → 其它 → 最小值... 命令，在弹出的"最小值"对话框中设置半径为"1"像素，效果如图 12.5.8 所示。

（10）选择菜单栏中的 滤镜(I) → 杂色 → 中间值... 命令，在弹出的"中间值"对话框中设置半径为"2"像素，以改变网格线交叉点处的大小。

图 12.5.7 填充黑色背景效果

图 12.5.8 应用最小值滤镜效果

（11）切换到图层面板，选择菜单栏中的 选择(S) → 载入选区(O)... 命令，载入"Alpha 1"通道的选取范围，效果如图 12.5.9 所示。

（12）按"Ctrl+Shift+I"键反选选区，然后选择菜单栏中的 滤镜(T) → 渲染 → 光照效果... 命令，为背景添加光源效果，如图 12.5.10 所示。

图 12.5.9 载入选区

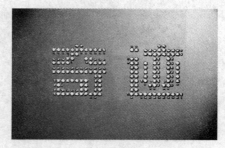

图 12.5.10 应用光照效果滤镜

（13）按"Ctrl+D"键，取消选区，图像的最终效果如图 12.5.1 所示。

实训 6 图像色彩调整与颜色转换

1．实训内容

在制作过程中，主要用到曲线、色彩平衡、照片滤镜以及匹配颜色等命令。最终效果如图 12.6.1 所示。

图 12.6.1 最终效果图

2．实训目的

掌握图形图像色彩与色调的调整方法与技巧。

3．操作步骤

（1）按"Ctrl+O"键，打开一幅偏色的风景图片，如图 12.6.2 所示。

（2）选择菜单栏中的 图像(I) → 调整(A) → 曲线(U)... 命令，弹出"曲线"对话框，调整其曲线形状如图 12.6.3 所示。

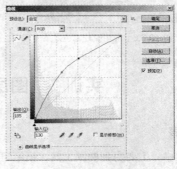

图 12.6.2　打开的风景图片　　　　　图 12.6.3　"曲线"对话框

（3）设置好各选项参数后，单击 确定 按钮，使用曲线命令调整图像后的效果如图 12.6.4 所示。

（4）选择菜单栏中的 图像(I) → 调整(A) → 色彩平衡(B)... 命令，在弹出的"色彩平衡"对话框中设置中间调的色阶依次为"40，-10，0"、高光的色阶为"15，20，0"、阴影的色阶为"25，-3，0"。

（5）选择菜单栏中的 图像(I) → 调整(A) → 照片滤镜(F)... 命令，弹出"照片滤镜"对话框，设置其对话框参数如图 12.6.5 所示。

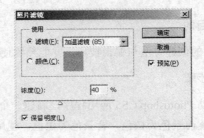

图 12.6.4　调整后的图像效果　　　　　图 12.6.5　"照片滤镜"对话框

（6）设置好各选项参数后，单击 确定 按钮，应用照片滤镜命令后的图像效果如图 12.6.6 所示。

（7）按"Ctrl+O"键，打开一幅秋季图片，然后切换第一幅偏色的图像窗口，选择菜单栏中的 图像(I) → 调整(A) → 匹配颜色(M)... 命令，弹出"匹配颜色"对话框，设置其对话框参数如图 12.6.7 所示。

（8）设置好参数后，单击 确定 按钮，图像的最终效果如图 12.6.1 所示。

图 12.6.6　应用照片滤镜效果　　　　　图 12.6.7　"匹配颜色"对话框

实训 7　图层的应用及操作

1．实训内容

在制作过程中，主要用到椭圆工具、钢笔工具、部分选择工具、转换点工具、任意变形工具以及颜料桶工具等。最终效果如图 12.7.1 所示。

图 12.7.1　最终效果图

2．实训目的

掌握图层的创建方法与编辑技巧，并能熟练使用图层样式和图层混合模式制作特殊的图像效果。

3．操作步骤

（1）启动 Photoshop CS5 应用程序，新建一个图像文件。

（2）设置前景色为白色，背景色为黑色，使用工具箱中的横排文字工具在新建图像中输入文字"Happy"，效果如图 12.7.2 所示。

（3）按住"Ctrl"键的同时单击文字图层，将其载入选区。

（4）选择菜单栏中的 选择(S) → 存储选区(V)... 命令，将文字的选区提取出来，进入通道面板可创建"Alpha 1"通道。

（5）选中通道面板中创建的"Alpha 1"通道，按"Alt+Delete"键填充选区，效果如图 12.7.3 所示。

（6）选择菜单栏中的 滤镜(T) → 模糊 → 高斯模糊... 命令，在弹出的"高斯模糊"对话框中设置半径为"10"像素，效果如图12.7.4所示。

图 12.7.2　输入文字　　　　　　　　图 12.7.3　创建"Alpha 1"通道并填充选区

（7）按住"Ctrl"键的同时单击"Alpha 1"通道，将其载入选区，如图12.7.5所示。

图 12.7.4　高斯模糊效果　　　　　　图 12.7.5　将"Alpha 1"通道载入选区

（8）切换到图层面板，新建图层1，按"Alt+Delete"键，将选区填充为白色。

（9）新建图层2，选择菜单栏中的 滤镜(T) → 渲染 → 云彩 命令，在新建图像中制作云彩效果，如图12.7.6所示。

（10）在图层面板中将图层2的混合模式设置为"正片叠底"，效果如图12.7.7所示。

图 12.7.6　制作云彩效果　　　　　　图 12.7.7　设置图层混合模式为"正片叠底"

（11）按"Ctrl+Shift+Alt+E"键，盖印所有可见图层为图层3，然后选择菜单栏中的 滤镜(T) → 风格化 → 照亮边缘... 命令，在弹出的"照亮边缘"对话框中设置边缘宽度为"4"、边缘亮度为"20"、平滑度为"15"，效果如图12.7.8所示。

（12）重复步骤（7）的操作，再次将"Alpha 1"通道载入选区，然后新建图层4，并在图层4中填充选区，效果如图12.7.9所示。

（13）双击图层4，弹出"图层样式"对话框，为文字添加投影样式，设置其对话框参数如图12.7.10所示。

（14）在弹出的"图层样式"对话框中选中 ☑斜面和浮雕 复选框，设置其对话框参数如图12.7.11所示。

图 12.7.8 应用照亮边缘滤镜后的图像效果　　　　图 12.7.9 填充选区效果

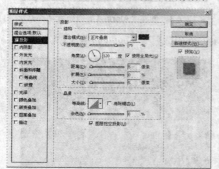

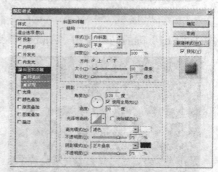

图 12.7.10 设置"投影"选项参数　　　　图 12.7.11 设置"斜面和浮雕"选项参数

（15）在弹出的"图层样式"对话框中选中 ☑光泽 和 ☑渐变叠加 复选框，设置其对话框参数如图 12.7.12 所示。

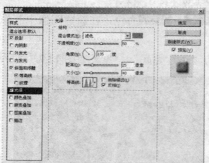

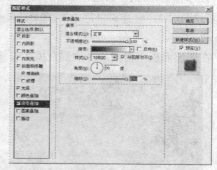

图 12.7.12 设置"光泽"和"渐变叠加"选项参数

（16）在图层面板中将图层 4 的混合模式设置为"颜色减淡"，效果如图 12.7.13 所示。

（17）新建图层 5，使用渐变工具由上向下拉出一个蓝色到白色的渐变，并将该图层的混合模式设置为"叠加"，效果如图 12.7.14 所示。

图 12.7.13 颜色减淡后的图层效果　　　　图 12.7.14 渐变叠加后的图层效果

（18）在图层面板中将图层 3 的混合模式设置为"线性减淡"，最终效果如图 12.7.1 所示。

实训 8 通道与蒙版的应用及操作

1．实训内容

在制作过程中，主要用到自定形状工具、渐变工具、选择性粘贴命令以及水波滤镜等。最终效果如图 12.8.1 所示。

图 12.8.1 最终效果图

2．实训目的

掌握通道的创建方法与编辑技巧，并能熟练使用蒙版处理图像效果。

3．操作步骤

（1）打开一幅如图 12.8.2 所示的图像文件，单击通道面板底部的"创建新通道"按钮 ，创建一个"Alpha 1"通道。

（2）双击该通道，弹出"快速蒙版选项"对话框，设置其参数如图 12.8.3 所示。

图 12.8.2 打开的图像文件

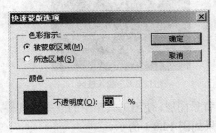

图 12.8.3 "快速蒙版选项"对话框

（3）显示 RGB 彩色通道，这时图像呈蒙版状态如图 12.8.4 所示，然后选择"Alpha 1"为当前工作通道。

（4）使用工具箱中的自定形状工具 ，在图像中绘制一个花形路径，然后按"Ctrl+Enter"键将其转换为选区，效果如图 12.8.5 所示。

（5）按"Shift+F6"键，在弹出的对话框中设置羽化半径为"10"，然后按"Alt+Delete"键用白色填充选区，再按"Ctrl+D"键取消选区，得到如图 12.8.6 所示的效果。

图 12.8.4 添加蒙版效果

图 12.8.5 绘制花形路径

（6）选择菜单栏中的 滤镜(T) → 扭曲 → 水波... 命令，在弹出的"水波"对话框中设置数量为"-90"、起伏为"20"、样式为"水池波纹"，效果如图 12.8.7 所示。

图 12.8.6 羽化并填充选区

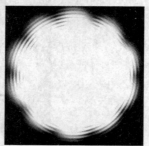

图 12.8.7 添加水波滤镜效果

（7）将"Alpha 1"通道载入选区（见图 12.8.8），然后切换到图层面板中，按 Ctrl+A"键全选图像，再按"Ctrl+X"键剪切所选内容。

（8）选中"Alpha 1"通道，然后选择菜单栏中的 编辑(E) → 选择性粘贴(I) → 贴入(I) 命令，效果如图 12.8.9 所示。

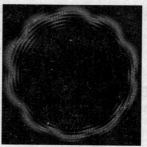

图 12.8.8 载入选区

图 12.8.9 贴入图像效果

（9）选中背景图层，使用工具箱中的渐变工具 从中心向外拉出一个黄色到橘红色的径向渐变，图像的最终效果如图 12.8.1 所示。

实训 9 路径、形状与动作的应用

1. 实训内容

在制作过程中，主要用到多边形工具、魔棒工具、渐变工具、椭圆选框工具、画笔面板以及球面化滤镜等。最终效果如图 12.9.1 所示。

图 12.9.1 最终效果图

2．实训目的

掌握图形图像的绘制方法与技巧，并学会对绘制的图像进行编辑。

3．操作步骤

（1）新建图层 1，单击工具箱中的"多边形工具"按钮，设置其属性栏参数如图 12.9.2 所示。

图 12.9.2 "多边形工具"属性栏

（2）设置好参数后，在新建图像中绘制一个六边形，然后单击路径面板下方的"画笔描边"按钮，将绘制的路径描边为"2"像素的灰色，效果如图 12.9.3 所示。

（3）单击画笔工具属性栏中的"画笔面板"按钮，在弹出的画笔面板中将画笔的间距增大两个间隔，然后重复步骤（2）的操作，对路径进行描边，效果如图 12.9.4 所示。

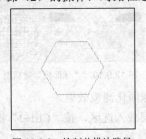
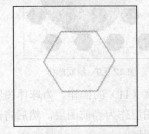

图 12.9.3 绘制并描边路径　　　图 12.9.4 增大画笔间距并对路径描边

（4）按住"Alt"键，在新建图像中垂直向下拖曳出一个图层 1 副本。

（5）将图层 1 作为当前图层，然后单击工具箱中的"魔棒工具"按钮，在六边形内部单击选取图像，然后将其填充为黑色，效果如图 12.9.5 所示。

（6）重复步骤（4）的操作，复制出多个六边形，效果如图 12.9.6 所示。

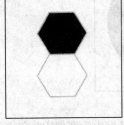
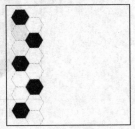

图 12.9.5 将选取填充为黑色　　　图 12.9.6 复制六边形

（7）隐藏背景图层，按"Ctrl+Shift+Alt+E"键盖印可见图层为图层 2。

（8）显示背景图层，然后按住"Alt"键向右水平拖曳出 3 个副本图层，效果如图 12.9.7 所示。

（9）合并除背景图层以外的所有图层为"图案"图层，然后使用工具箱中的"椭圆选框工具"按钮 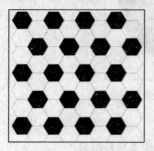，在新建图像中绘制一个圆形选区，如图 12.9.8 所示。

图 12.9.7 水平复制图像

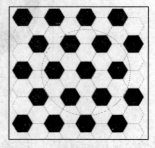
图 12.9.8 绘制圆形选区

（10）在图案图层的下方新建一个名称为"球体"的图层，然后单击工具箱中的"渐变工具"按钮 ，对选区进行白色到黑色的径向渐变填充，效果如图 12.9.9 所示。

（11）保持选区将图案图层作为当前图层，然后选择菜单栏中的 滤镜(T) ➡ 扭曲 ➡ 球面化... 命令，弹出"球面化"对话框，设置其对话框参数如图 12.9.10 所示。

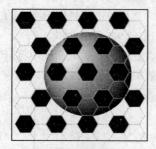
图 12.9.9 绘制球体

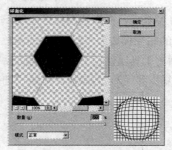
图 12.9.10 "球面化"对话框

（12）重复步骤（11）的操作，为球体图层应用球面化滤镜效果。

（13）将球体图层作为当前图层，然后将图案图层载入选区，按"Ctrl+J"键，复制出一个名称为"图案副本"的图层。

（14）将球体图层载入选区，然后按"Ctrl+Shift+I"反选选区，分别删除图案和图案副本中球体以外的图案，效果如图 12.9.11 所示。

图 12.9.11 绘制足球

（15）双击图案副本图层，在弹出的"图层样式"对话框中为图像添加斜面和浮雕效果，最终效果如图 12.9.1 所示。

实训 10 滤镜特效的应用

1. 实训内容

在制作过程中，主要用到多边形套索工具、橡皮擦工具、快速选择工具、模糊工具、水波滤镜、高斯模糊滤镜以及扭曲滤镜等。最终效果如图 12.10.1 所示。

图 12.10.1 最终效果图

2. 实训目的

掌握滤镜的使用规则，并能灵活使用各种滤镜效果。

3. 操作步骤

（1）按 "Ctrl+O" 键，打开一幅图像文件，如图 12.10.2 所示。

（2）单击工具箱中的 "多边形套索工具" 按钮，选取图像中的水面图像，如图 12.10.3 所示。

图 12.10.2 打开的图像文件

图 12.10.3 选取水面图像

（3）按 "Delete" 键，删除选区内的图像，再按 "Ctrl+D" 键取消选区。

（4）单击工具箱中的 "橡皮擦工具" 按钮，擦除湖面边缘细微部分的图像。

（5）单击工具箱中的 "快速选择工具" 按钮，在图像的白色区域单击创建选区，然后按 "Ctrl+Shift+I" 键反选选区，效果如图 12.10.4 所示。

（6）按 "Ctrl+C" 键复制选区中的图像，然后单击图层面板中的 "创建图层" 按钮，新建一个名称为 "阴影" 的图层。

（7）按 "Ctrl+V" 键，将复制的图像粘贴到阴影图层中，然后选择 编辑(E) → 变换 → 垂直翻转(V) 命令，垂直翻转图像，并将其移至合适的位置，效果如图 12.10.5 所示。

图 12.10.4　反选选区效果　　　　　　　图 12.10.5　垂直镜像效果

（8）选择 编辑(E) → 变换 → 扭曲(D) 命令，拖动图形四周的小方块，使其正好盖住白色区域，此时即可去掉中间的间隙。

（9）确认倒影图层为当前图层，选择 滤镜(T) → 扭曲 → 波纹... 命令，弹出"波纹"对话框，设置对话框参数如图 12.10.6 所示。

（10）选择 滤镜(T) → 模糊 → 动感模糊... 命令，弹出"动感模糊"对话框，设置对话框参数如图 12.10.7 所示。

图 12.10.6　"波纹"对话框　　　　　　图 12.10.7　"动感模糊"对话框

（11）选择 图像(I) → 调整(A) → 亮度/对比度(C)... 命令，在弹出的"亮度/对比度"对话框中设置亮度为"-54"、对比度为"-34"，再使用 图像(I) → 调整(A) → 色彩平衡(B)... 命令，在弹出的"色彩平衡"对话框设置倒影的颜色，使倒影图像微暗。

（12）使用工具箱中的椭圆选框工具 ，在倒影图像中绘制一个椭圆形选区，选择 滤镜(T) → 扭曲 → 水波... 命令，在弹出的"水波"对话框中设置数量为"57"、起伏为"5"、样式为"水池波纹"，得到的效果如图 12.10.8 所示。

图 12.10.8　应用水波滤镜后的图像效果

（13）单击工具箱中的"模糊工具"按钮 ，在原图像和倒影图像的相接处进行涂抹，使图像更加融合，最终效果如图 12.10.1 所示。